記得到旗標創客‧
自造者工作坊
粉絲專頁按『讚』

1. 建議您到「旗標創客‧自造者工作坊」粉絲專頁按讚，有關旗標創客最新商品訊息、展示影片、旗標創客展覽活動或課程等相關資訊，都會在該粉絲專頁刊登一手消息。

2. 對於產品本身硬體組裝、實驗手冊內容、實驗程序、或是範例檔案下載等相關內容有不清楚的地方，都可以到粉絲專頁留下訊息，會有專業工程師為您服務。

3. 如果您沒有使用臉書，也可以到旗標網站 (www.flag.com.tw)，點選首頁的 讀者服務 後，再點選 讀者留言版，依照留言板上的表單留下聯絡資料，並註明書名、書號、頁次及問題內容等資料，即會轉由專業工程師處理。

4. 有關旗標創客產品或是其他出版品，也歡迎到旗標購物網 (www.flag.com.tw/shop) 直接選購，不用出門也能長知識喔！

5. 大量訂購請洽

學生團體　　訂購專線：(02)2396-3257 轉 362
　　　　　　傳真專線：(02)2321-2545

經銷商　　　服務專線：(02)2396-3257 轉 331
　　　　　　將派專人拜訪
　　　　　　傳真專線：(02)2321-2545

國家圖書館出版品預行編目資料

FLAG'S創客.自造者工作坊：
AI X LINE聲控/人臉辨識生活大應用 / 施威銘研究室 作
臺北市：旗標, 2018.09　面；　公分

ISBN 978-986-312-542-6 (平裝)

1.人工智慧

312.83　　　　　　　　　　　107010542

作　　者／施威銘研究室

發 行 所／旗標科技股份有限公司

　　　　　台北市杭州南路一段15-1號19樓

電　　話／(02)2396-3257(代表號)

傳　　真／(02)2321-2545

劃撥帳號／1332727-9

帳　　戶／旗標科技股份有限公司

監　　督／黃昕暐

執行企劃／邱裕雄

執行編輯／邱裕雄

美術編輯／陳慧如

封面設計／古鴻杰

校　　對／黃昕暐‧邱裕雄

行政院新聞局核准登記-局版台業字第 4512 號

ISBN　978-986-312-542-6

版權所有‧翻印必究

Copyright © 2022 Flag Technology Co., Ltd.
All rights reserved.

本著作未經授權不得將全部或局部內容以任何形式重製、轉載、變更、散佈或以其他任何形式、基於任何目的加以利用。

本書內容中所提及的公司名稱及產品名稱及引用之商標或網頁，均為其所屬公司所有，特此聲明。

C o n t e n t s

用積木設計程式

創客 / 自造者 /Maker 這幾年來快速發展，已蔚為一股創新的風潮。由於各種相關軟硬體越來越簡單易用，即使沒有電子、機械、程式等背景，只要有想法有創意，都可輕鬆自造出新奇、有趣、或實用的各種作品。

1-1　本套件的架構

本套件中，大多的實驗都是如同以下的架構：

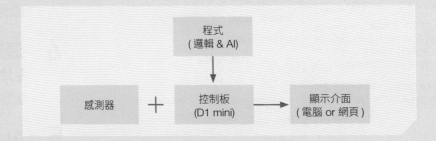

這一章就讓我們來了解控制板並開始寫程式吧！

1-2　D1 mini 控制板簡介

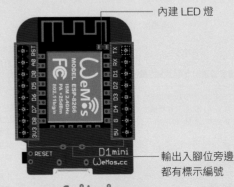

內建 LED 燈

輸出入腳位旁邊都有標示編號

D1 mini 是一片單晶片開發板，你可以將它想成是一部小電腦，可以執行透過程式描述的運作流程，並且可藉由兩側的輸出入腳位控制外部的電子元件，或是從外部電子元件獲取資訊。只要使用稍後會介紹的杜邦線，就可以將電子元件連接到輸出入腳位。

另外 D1 mini 還具備 Wi-Fi 連網的能力，可以將電子元件的資訊傳送出去，也可以透過網路從遠端控制 D1 mini。

1-3 降低入門門檻的 Flag's Block

了解了控制板後，我們要讓它真正活起來，而它的靈魂就是運行在上面的程式，為了降低學習程式設計的入門門檻，**旗標**公司特別開發了一套圖像式的積木開發環境 - Flag's Block，有別於傳統文字寫作的程式設計模式，Flag's Block 使用積木組合的方式來設計邏輯流程，加上全中文的介面，能大幅降低一般人對程式設計的恐懼感。

▲ 可以輕鬆設計程式的 Flag's Block

設計好的積木，可自動轉換為 C++ 程式碼，以供您檢視，或上傳到控制板中執行

按此鈕可開啟 (或關閉) 右側的程式碼窗格

1-4 使用 Flag's Block 開發程式

● 安裝與設定 Flag's Block

請使用瀏覽器連線 http://www.flag.com.tw/maker/download/FM611A 下載 Flag's Block，下載後請雙按該檔案，如下進行安裝：

如果出現風險警告視窗，請按**其他資訊**，然後再按**仍要執行**鈕進行安裝

1 將資料夾修改為 "C:\"

2 按此鈕開始解壓縮安裝

安裝完畢後，請執行『**檔案總管**』，切換到 "C:\FlagsBlock" 資料夾，依照下面步驟開啟 Flag's Block 然後安裝驅動程式：

1 雙按 **Start.exe** 檔案

3

若出現 **Windows 安全性警訊** (防火牆)
的詢問交談窗，請選取**允許存取**

若您之前已安裝過驅動程式，可
按**確定**鈕參考下頁直接進行設定

3 按此鈕開啟選單

4 按『**安裝驅動程式**』命令

5 選擇 **D1 mini**

6 請選**是**允許安裝

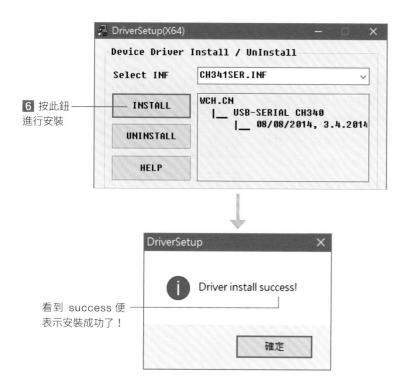

6 按此鈕進行安裝

看到 success 便表示安裝成功了！

接著在電腦左下角的開始圖示 ⊞ 上按右鈕執行『**裝置管理員**』命令 (Windows 10 系統)，或執行『**開始 / 控制台 / 系統及安全性 / 系統 / 裝置管理員**』命令 (Windows 7 系統)，來開啟裝置管理員，尋找 D1 mini 板使用的序列埠：

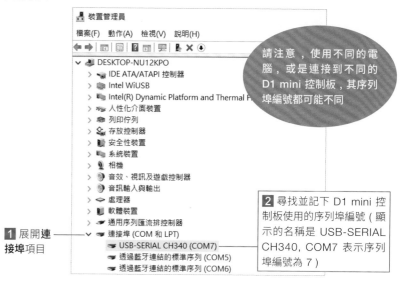

請注意，使用不同的電腦，或是連接到不同的 D1 mini 控制板，其序列埠編號都可能不同

1 展開**連接埠**項目

2 尋找並記下 D1 mini 控制板使用的序列埠編號 (顯示的名稱是 USB-SERIAL CH340, COM7 表示序列埠編號為 7)

■ 連接 D1 mini

由於在開發 D1 mini 程式之前，要將 D1 mini 開發板插上 USB 連接線，所以請先將 USB 連接線接上 D1 mini 的 USB 孔，USB 線另一端接上電腦：

找到 D1 mini 板使用的序列埠後，請如下設定 Flag's Block：

1 按此鈕開啟選單

另存新專案

上傳音樂資料

全部刪除

在 Arduino IDE 中開啟程式碼

設定

2 執行『**設定**』命令

3 從下拉式選單選擇剛剛記下的序列埠編號

4 選擇 Wemos D1 mini

5 設定完畢後按此鈕返回

目前已經完成安裝與設定工作,接下來我們就可以使用 Flag's Block 開發 D1 mini 程式了。

由於接下來的實驗要動手連接電子線路,所以在開始之前先讓我們學習一些簡單的電學及佈線知識,以便能順利地進行實驗。

■ LED

LED,又稱為發光二極體,具有一長一短兩隻接腳,若要讓 LED 發光,則需對長腳接上高電位,短腳接低電位,像是水往低處流一樣產生高低電位差讓電流流過 LED 即可發光。LED 只能往一個方向導通,若接反就不會發光。

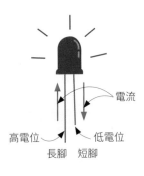

電流

高電位 低電位

長腳 短腳

■ 電阻

我們通常會用電阻來限制電路中的電流,以避免因電流過大而燒壞元件 (每種元件的電流負荷量不盡相同)。

■ 麵包板

麵包板的表面有很多的插孔。插孔下方有相連的金屬夾,當零件的接腳插入麵包板時,實際上是插入金屬夾,進而和同一條金屬夾上的其他插孔上的零件接通,在本套件實驗中我們就需要麵包板來連接 D1 Mini 與感測器模組。

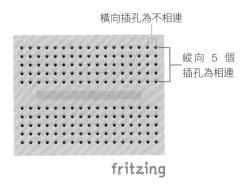

橫向插孔為不相連

縱向 5 個插孔為相連

fritzing

■ 杜邦線與排針

杜邦線是二端已經做好接頭的單心線,可以很方便的用來連接 D1 mini、麵包板、及其他各種電子元件。杜邦線的接頭可以是公頭 (針腳) 或是母頭 (插孔),如果使用排針可以將杜邦線或裝置上的母頭變成公頭:

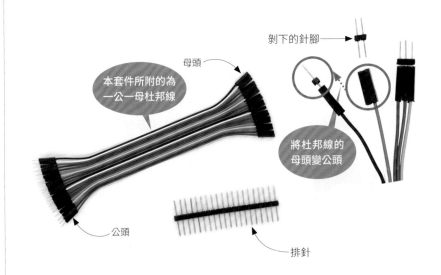

剝下的針腳

母頭

本套件所附的為一公一母杜邦線

將杜邦線的母頭變公頭

公頭

排針

Lab01

閃爍 LED 燈

實驗目的	學習在程式中利用延遲及改變輸出狀態的積木，讓 LED 達到閃爍效果。
材料	● D1 mini

■ 設計原理

為了方便使用者，D1 mini 板上已經內建了一個藍色 LED 燈，這個 LED 的短腳連接到 D1 mini 的腳位 D4, LED 長腳則連接到高電位處。

前一頁提到當 LED 長腳接上高電位，短腳接低電位，產生高低電位差讓電流流過即可發光，所以我們在程式中將 D1 mini 腳位 D4 設為低電位，即可點亮這個內建的 LED 燈。

■ 設計程式

請開啟 Flag's Block，然後如下操作：

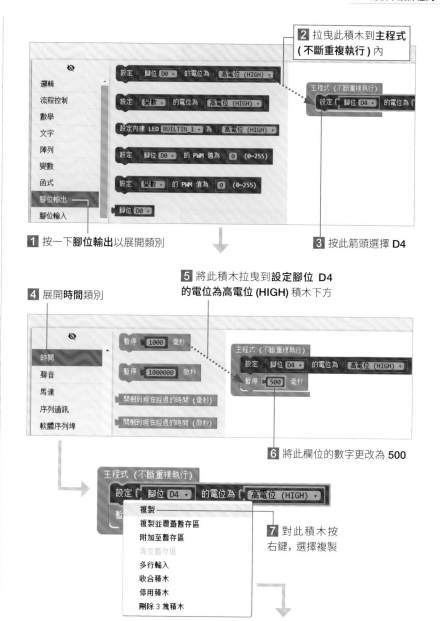

2 拉曳此積木到**主程式**（**不斷重複執行**）內

1 按一下**腳位輸出**以展開類別

3 按此箭頭選擇 **D4**

4 展開**時間**類別

5 將此積木拉曳到**設定腳位 D4 的電位為高電位 (HIGH)** 積木下方

6 將此欄位的數字更改為 **500**

7 對此積木按右鍵，選擇複製

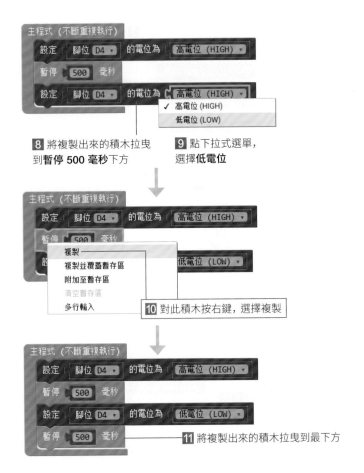

8 將複製出來的積木拉曳
到**暫停 500 毫秒**下方

9 點下拉式選單,
選擇**低電位**

10 對此積木按右鍵,選擇複製

11 將複製出來的積木拉曳到最下方

設計到此,就已經大功告成了。

■ 程式解說

所有在**主程式 (不斷重複執行)** 內的積木指令都會一直重複執行,直到電源關掉為止,因此程式會先將高電位送到 LED 腳位,暫停 500 毫秒後,再送出低電位,再暫停 500 毫秒,這樣就等同於 LED 一下沒通電一下通電,而我們看到的效果就會是閃爍的 LED。

■ 儲存專案

程式設計完畢後,請先儲存專案:

按**儲存**鈕即可儲存專案

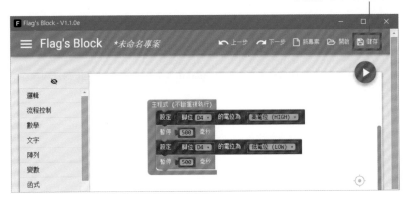

軟體加油站! 如果看不到儲存鈕

如果因為畫面太窄看不到儲存鈕,請開啟選單即可執行『**儲存**』命令:

1 按此鈕開啟選單

2 執行『**儲存**』命令

如果是新專案第一次儲存，會出現交談窗讓您選擇想要儲存專案的資料夾及輸入檔名：

1 切換到想要儲存專案的資料夾

2 輸入專案名稱 (在儲存時會自動加上副檔名而成為 Lab1.xml)

3 按此鈕儲存

軟體加油站！ 開啟已儲存的專案或範例專案

日後若您想要重新開啟之前儲存的專案，請如下操作：

1 按開啟鈕

NEXT

---

2 切換到存放專案的資料夾

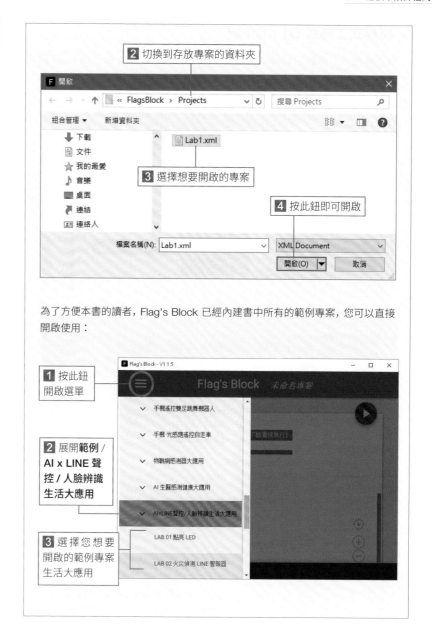

3 選擇想要開啟的專案

4 按此鈕即可開啟

為了方便本書的讀者，Flag's Block 已經內建書中所有的範例專案，您可以直接開啟使用：

1 按此鈕開啟選單

2 展開**範例 / AI x LINE 聲控 / 人臉辨識生活大應用**

3 選擇您想要開啟的範例專案生活大應用

9

■ 將程式上傳到 D1 mini 板

為了將程式上傳到 D1 mini 板執行, 請先確認 D1 mini 板已用 USB 線接至電腦, 然後依照下面說明上傳程式:

按此鈕開始上傳程式

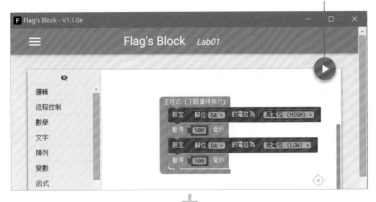

2 如果出現 **Windows 安全性警訊** (防火牆) 的詢問交談窗, 請選取 **允許存取**

正在透過 Arduino 開發環境上傳程式

由於燒錄過程需要花一點時間, 請耐心等候

⚠ Arduino 開發環境 (IDE) 是創客界中最常被使用的程式開發環境, 使用的是 C/C++ 語言, Flag's Block 就是將積木程式先轉換為 C/C++ 程式碼後, 再上傳到 D1 mini 上。

按此處可以關閉訊息窗格

上傳成功

上傳成功後, 即可看到 LED 不斷地閃爍。

若您看到紅色的錯誤訊息, 請如下排除錯誤:

此訊息表示電腦無法與 D1 mini 連線溝通, 請將連接 D1 mini 的 USB 線拔除重插, 或依照前面的說明重新設定序列埠

火災偵測 LINE 警報器

LINE 已經深入我們的生活，成為每個人手機上不可或缺的通訊 App。LINE 除了用來與親友聊天以外，我們也可以將創客與 LINE 結合，將感測器的資訊透過 LINE 即時通知我們。

本章我們將使用火焰感測模組結合 LINE 來製作一個火災偵測 LINE 警報器，當火焰感測模組偵測火光的時候，就會立刻透過 LINE 即時通知我們，即可趕快應變處理。

2-1　認識火焰感測模組

火焰感測模組可以偵測波長在 760～1100 奈米 (nm) 範圍內的光，對於火焰的光譜特別敏感，偵測角度約 60 度。

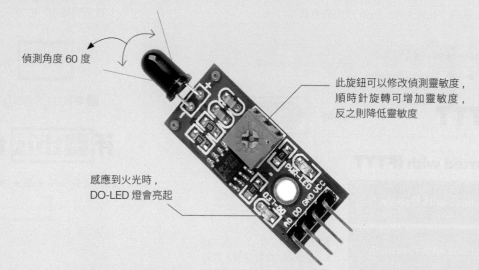

偵測角度 60 度

此旋鈕可以修改偵測靈敏度，順時針旋轉可增加靈敏度，反之則降低靈敏度

感應到火光時，DO-LED 燈會亮起

若火焰越大，模組可以偵測的距離越遠，一般打火機的火焰，大約可以在 50 公分內的距離偵測到。

⚠ 使用打火機測試時請特別小心安全，若是有安全上的顧慮時，您也可以使用手電筒來進行測試。

2-2 使用 IFTTT 發送 LINE 通知

為了將感測器的資訊透過 LINE 即時通知我們，我們將使用 IFTTT 的服務。

IFTTT 是英文 "IF This, Then That" 的縮寫，其服務的精神就是『如果 A 然後就 B』。我們希望如果偵測到火光 (A) 就發一個 LINE 訊息給我們 (B)，這樣的規則稱為一個程序：

請先到 IFTTT 網站 (https://ifttt.com) 註冊成會員：

1 點擊 Sign up

2 可以用 Google 或 Facebook 帳號註冊，或者用其他信箱。我們選擇用其他信箱，點選下方 **sign up**：

3 輸入 Email 信箱作為會員帳號

4 輸入會員密碼　　5 點選 Sign up

6 選右上方的 X 略過此步驟，如此即完成註冊

註冊完畢後，請如下設定 LINE 通知功能：

1 點選右上方的頭像

2 點選 New Applet

3 設定事件 A，點選 **+ this**

4 在搜尋欄位輸入 **webhooks**

5 選擇 Webhooks

Receive a web request

This trigger fires every time the Maker service receives a web request to notify it of an event. For information on triggering events, go to your Maker service settings and then the listed URL (web) or tap your username (mobile)

6 選擇 Receive a web request 功能

7 輸入事件名稱 fire

Event Name

fire

The name of the event, like "button_pressed" or "front_door_opened"

Create trigger

8 輸入完按 Create trigger

if 🌀 then ➕ that

事件 A 已設定完成

9 設定事件 B，點擊 + that

10 搜尋欄輸入 line

Q line

11 選擇綠色的 Line 圖示

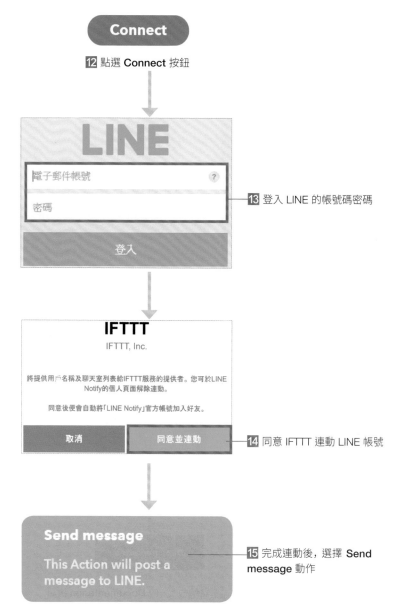

Connect

12 點選 Connect 按鈕

LINE

電子郵件帳號 ?

密碼

登入

13 登入 LINE 的帳號碼密碼

IFTTT

IFTTT, Inc.

將提供用戶名稱及聊天室列表給IFTTT服務的提供者。您可於LINE Notify的個人頁面解除連動。

同意後便會自動將「LINE Notify」官方帳號加入好友。

取消   同意並連動

14 同意 IFTTT 連動 LINE 帳號

Send message

This Action will post a message to LINE.

15 完成連動後，選擇 Send message 動作

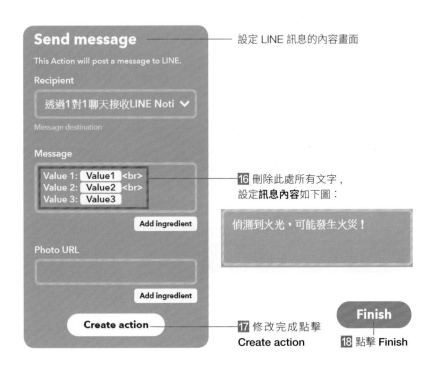

Send message

This Action will post a message to LINE.

Recipient

透過1對1聊天接收LINE Noti ⌄

Message destination

Message

Value 1: Value1 `<br>`
Value 2: Value2 `<br>`
Value 3: Value3

16 刪除此處所有文字，
設定**訊息內容**如下圖：

偵測到火光，可能發生火災！

Add ingredient

Photo URL

Add ingredient

Create action

17 修改完成點擊
Create action

Finish

18 點擊 Finish

設定 LINE 訊息的內容畫面

看到如右畫面即完成，接下來我們要試試手動發出請求給 IFTTT 網站，讓它發一個 LINE 訊息給我們：

If Maker Event "fire", then Send message

by

On

19 點擊左上圖示

Documentation

20 點擊右上方的 Documentation 按鈕

Documentation 頁面中，可以看到我們的 **key** 與 **HTTP 請求網址**：

key

Your key is: **bOXBrL9i9aT6c98ET13E0y**

◀ Back to service

To trigger an Event

1 這裡改成步驟 7 設定的事件名稱 fire

Make a POST or GET web request to:

https://maker.ifttt.com/trigger/ fire /with/key/bOXBrL9i9aT6c98ET13E0y

With an optional JSON body of:

這裡是上面看到的 key

{ "value1" : "   ", "value2" : "   ", "value3" : "   " }

The data is completely optional, and you can also pass value1, value2, and value3 as que variables. This content will be passed on to the Action in your Recipe.

You can also try it with curl from a command line.

curl -X POST https://maker.ifttt.com/trigger/fire/with/key/bOXBrL9i9aT6c98ET13E0y

Test It

2 按此鈕測試

完整的 HTTP 請求網址，請複製下來

◀ ✚ LINE Notify 🏠 ⌄   📶 4G 100% 下午6:01

今天

🔔 【IFTTT】偵測到火光，可能發生火災！   下午5:57

3 打開手機的 LINE
選擇 **LINE Notify**

4 收到 IFTTT 傳來的通知

請將上述的 HTTP 請求網址複製下來，隨後我們撰寫程式時會需要用到。

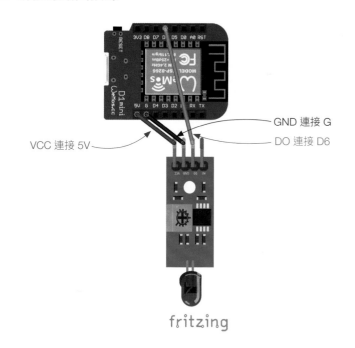

2-3 D1 mini 控制板連上 WiFi

因為 IFTTT 網站屬於外部網站，D1 mini 必須連上網際網路，才能連到 IFTTT 網站，接下來將講解如何用 Flag's Block 積木來讓 D1 mini 連上 WiFi：

使用 **ESP8266 / 連接名稱…無線網路**積木，即可連上家中或學校的 WiFi 無線網路基地台：

連接名稱： " Flag " 密碼： " 12345678 " 的無線網路

無線基地台名稱　　　　無線基地台密碼　　　本節只是說明，不需操作

⚠ 名稱及密碼依據使用者的無線基地台而異

ESP8266 無線網路 / 已連接到網路？積木會回傳是否已連線到無線網路，若有傳回**真 (true)**，沒有則傳回**假 (false)**：

已連接到無線網路？

實際使用時，通常搭配**流程控制 / 重複當**積木組合運用，當尚未連接到網路時，不斷重複執行**暫停 1000 毫秒**積木：

當連接到網路後，程式才會離開此區塊，向下執行

重複 當 ▾ 非 已連接到無線網路？
執行 暫停 1000 毫秒

Lab02

火災偵測 LINE 警報器

實驗目的	使用火焰感測模組偵測火光，一旦偵測到火光，便連線 IFTTT 透過其服務發送通知到 LINE。
材料	● D1 mini　　　　● 火焰感測模組 ● 杜邦線與排針若干

■ 請依線路圖接線

GND 連接 G

DO 連接 D6

VCC 連接 5V

fritzing

■ 設計原理

　當火焰感測模組感應到火光時會輸出低電位，若沒有感應到則會輸出高電位，所以 D1 mini 可以藉由電位高低來判斷是否有火光。一旦 D1 mini 偵測到低電位，表示感應到火光了，此時就要連線 IFTTT 透過其服務送出 LINE 通知。

■ 設計程式

1 請開啟 Flag's Block, 加入下列積木連線 WiFi：

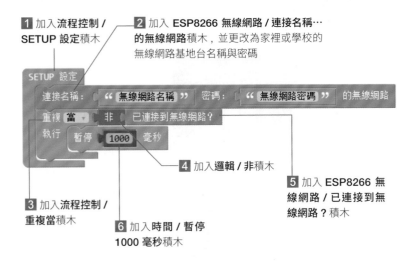

1 加入**流程控制 / SETUP 設定**積木

2 加入 **ESP8266 無線網路 / 連接名稱…**的**無線網路**積木，並更改為家裡或學校的無線網路基地台名稱與密碼

3 加入**流程控制 / 重複當**積木

4 加入**邏輯 / 非**積木

5 加入 **ESP8266 無線網路 / 已連接到無線網路？**積木

6 加入**時間 / 暫停 1000 毫秒**積木

2 加入下列積木, 設定正常連上 WiFi 後點亮內建 LED：

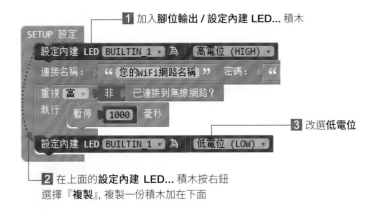

1 加入**腳位輸出 / 設定內建 LED...** 積木

2 在上面的**設定內建 LED...** 積木按右鈕選擇『**複製**』, 複製一份積木加在下面

3 改選**低電位**

3 將 2-2 節在 IFTTT 取得的 HTTP 請求路徑格式設定在變數內：

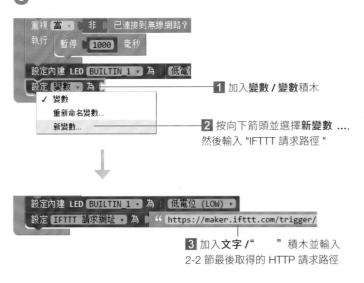

1 加入**變數 / 變數**積木

2 按向下箭頭並選擇**新變數 …**, 然後輸入 "IFTTT 請求路徑 "

3 加入**文字 /"   "** 積木並輸入 2-2 節最後取得的 HTTP 請求路徑

4 然後在主程式積木內放置下列積木，用來判斷火焰感測模組是否感應到火光：

1 加入**流程控制 / 如果**積木

3 加入**腳位輸入 / 讀取腳位 D0 的電位高低**積木

2 加入**邏輯 /=** 積木

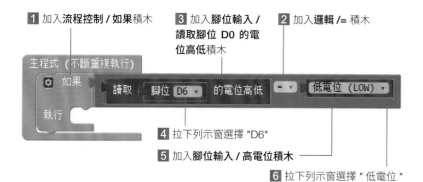

4 拉下列示窗選擇 "D6"

5 加入**腳位輸入 / 高電位**積木

6 拉下列示窗選擇 " 低電位 "

5 加入以下積木，連線 IFTTT 透過其服務送出 LINE 通知：

1 加入**流程控制 / 如果**積木

2 加入**邏輯 /=** 積木，拉下列示窗選擇 ">"

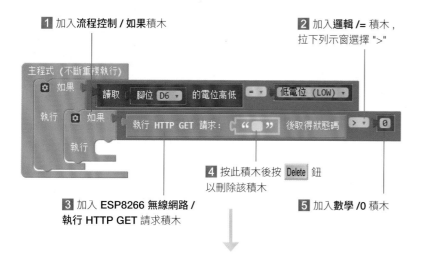

4 按此積木後按 Delete 鈕以刪除該積木

3 加入 **ESP8266 無線網路 / 執行 HTTP GET** 請求積木

5 加入**數學 /0** 積木

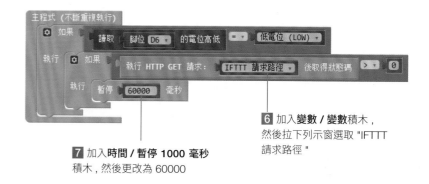

6 加入**變數 / 變數**積木，然後再拉下列示窗選取 "IFTTT 請求路徑 "

7 加入**時間 / 暫停 1000 毫秒**積木，然後更改為 60000

發送 HTTP GET 請求給 IFTTT 後，如果狀態碼大於 0，即代表送出成功，此時用積木暫停程式 1 分鐘 (60000 毫秒)，避免短時間內一直收到重複的警報。

設計到此，就已經大功告成了。完成後請按**儲存**鈕儲存專案，然後確認 D1 Mini 板已用 USB 線接至電腦，按 ▶ 鈕將程式上傳。

當出現上傳成功訊息後，請等待內建 LED 熄滅後重新點亮，LED 亮燈表示已經正常連上 WiFi。如果一直沒有亮燈，請檢查程式內設定的名稱與密碼是否有誤，以及家中或學校的 Wi-Fi AP 基地台是否正常。

然後請用手電筒的光源或打光機火焰靠近火焰感測器的黑色感應頭正對面，若看到感測器的 DO-LED 亮起，表示感測器已經感應到火光，接著稍等片刻您的 LINE 應該就會收到警報通知。

⚠ 若使用打火機請注意安全。

⚠ 如果不夠靈敏或太過靈敏，請透過模組上的旋鈕調整靈敏度。另外程式裡面設定感應到火光後暫停 10 分鐘，若您想要立刻重新測試，請按 D1 mini 上的 RESET 鍵重新啟動即可。

 您也可以參見下一章的實驗，加上喇叭發出警報聲。

17

03

上一章我們製作了一個火災警報器, 本章我們將使用雷達感測模組來設計一個防盜警報器, 一旦雷達感測模組偵測到入侵者的時候, 就會立刻透過 LINE 即時通知我們, 這樣出門在外也可以用 LINE 隨時獲得安全警訊。

3-1 認識 RCWL-0516 微波雷達感測模組

我們將使用 RCWL-0516 微波雷達感測模組來偵測入侵者, 這個模組會依照都卜勒效應 (Doppler effect) 原理, 來感測物體移動:

物體靠近時, 反射波變密

物體遠離時, 反射波變疏

這個模組的偵測範圍是 5～7 公尺, 偵測角度可以達到 360 度, 可以穿透不厚的非金屬遮蔽物, 用來製作防盜警報器幾乎可以達到無死角的偵測。

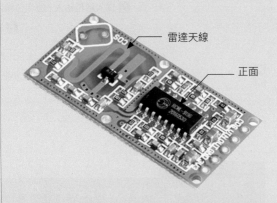

雷達天線

正面

當模組感應到有物體移動時, OUT 腳位時會輸出高電位, 若沒有感應到物體移動的 2 秒後則會改成輸出低電位。

請注意模組通電後, 會需要 20～30 秒的熱機時間。另外背面 (沒有電子元件那面) 的感應力會比較弱, 所以如果裝在天花板時, 應該讓正面朝向下方。

3-2 用喇叭發出聲音

喇叭的正式名稱為揚聲器,是一種將電子訊號轉換成聲音的元件,整個結構包含了線圈、磁鐵及震膜,聲音是由於物體震動所產生的,當線圈通電時便是電磁鐵,會與磁鐵相吸,而當線圈不通電時又回復原本的狀態,因此只要不停的切換線圈的通電狀態,就會造成震膜的震動,進而發出聲音。

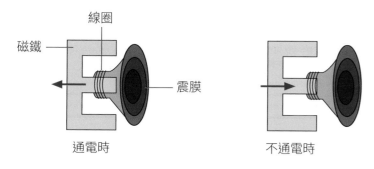

通電、不通電,一直反覆切換便會產生震動,進而發出聲音

例如 C 調的 Do 頻率約為 261Hz,所以只要讓喇叭震膜每秒震動 261 次,就可以讓喇叭發出這個音。

硬體加油站！　杜邦線變公頭

本章的實驗需要使用杜邦線連接 D1 mini 與麵包板, 因為 D1 mini 與麵包板都是母頭, 所以杜邦線需要變成兩邊公頭, 請如右使用排針將杜邦線的母頭變成公頭:

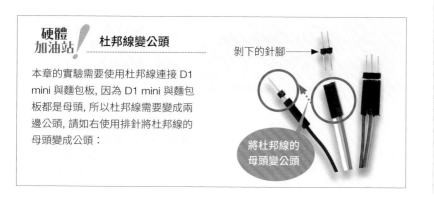

剝下的針腳

將杜邦線的母頭變公頭

Lab03

360 度防盜 LINE 警報器

實驗目的	使用 RCWL-0516 微波雷達感測模組偵測移動物體,一旦偵測到入侵者,便用喇叭發生警報聲,並且連線 IFTTT 透過其服務發送通知到 LINE。
材料	● D1 mini ● 杜邦線與排針若干 ● 麵包板 　　　　● RCWL-0516 微波雷達感測模組 　　　　● 喇叭

■ 請依線路圖接線

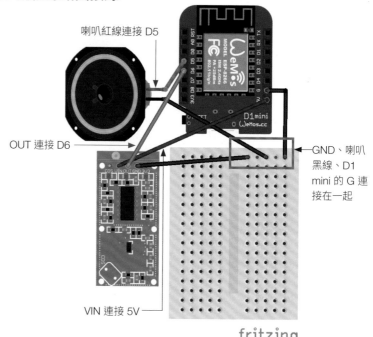

喇叭紅線連接 D5

OUT 連接 D6

GND、喇叭黑線、D1 mini 的 G 連接在一起

VIN 連接 5V

fritzing

■ 設計原理

當 RCWL-0516 微波雷達感測模組偵測到物體移動，OUT 腳位會輸出高電位，若沒有感應到移動的 2 秒後則會改成輸出低電位。，所以 D1 mini 可以藉由電位高低來判斷是否有物體移動。

為了避免誤判，我們撰寫程式時會判斷持續 10 秒都偵測到高電位時，才表示有入侵者，此時便用喇叭發生警報聲，並且連線 IFTTT 透過其服務送出 LINE 通知。

■ 設計程式

1 請依照 2-2 節的說明，到 IFTTT 網站 (https://ifttt.com) 設定 LINE 通知功能，其中步驟 7 請輸入事件名稱為 **theft**：

輸入事件名稱為 **theft**

第 16 步驟請如下更改訊息內容：

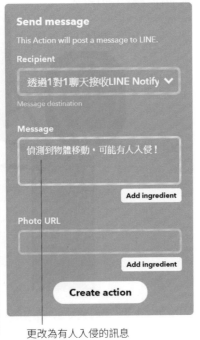

更改為有人入侵的訊息

最後取得的 HTTP 請求網址請複製下來：

1 此處輸入 **theft**

2 複製這個 HTTP 請求網址

2 請開啟 Flag's Block，加入以下積木設定變數初始值；

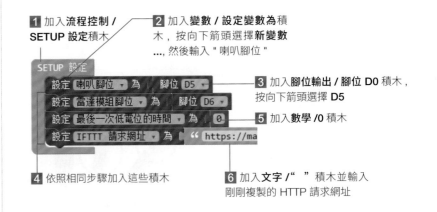

1 加入**流程控制 / SETUP 設定**積木

2 加入**變數 / 設定變數為**積木，按向下箭頭選擇**新變數** ...，然後輸入 " 喇叭腳位 "

3 加入**腳位輸出 / 腳位 D0** 積木，按向下箭頭選擇 **D5**

4 依照相同步驟加入這些積木

5 加入**數學 /0** 積木

6 加入**文字 /"　"** 積木並輸入剛剛複製的 HTTP 請求網址

3 加入下列積木連線 WiFi, 詳細步驟請參見第 2 章 LAB 02：

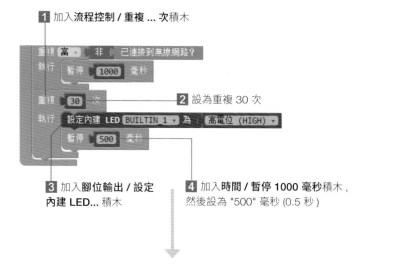

記得更改 WiFi 基地台名稱與密碼

參見 LAB02 加入積木連線 WiFi

4 加入一個重複 30 次的迴圈讓內建 LED 閃爍 30 秒, 以便等待雷達感測模組熱機：

1 加入**流程控制 / 重複 ... 次**積木

2 設為重複 30 次

3 加入**腳位輸出 / 設定內建 LED...** 積木

4 加入**時間 / 暫停 1000 毫秒**積木, 然後設為 "500" 毫秒 (0.5 秒)

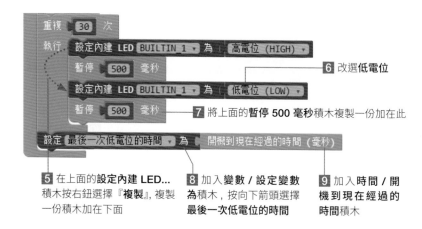

6 改選**低電位**

7 將上面的**暫停 500 毫秒**積木複製一份加在此

5 在上面的**設定內建 LED...** 積木按右鈕選擇『**複製**』, 複製一份積木加在下面

8 加入**變數 / 設定變數為**積木, 按向下箭頭選擇**最後一次低電位的時間**

9 加入**時間 / 開機到現在經過的時間**積木

5 我們先來定義一個發出警報的函式。函式是將一組積木結合成一個群組, 之後呼叫這個函式就能執行裡面的積木群組。函式的好處是方便主程式重複執行一樣的動作, 而且將比較複雜的積木群組轉變成函式後, 主程式看起來也會比較清楚易懂。

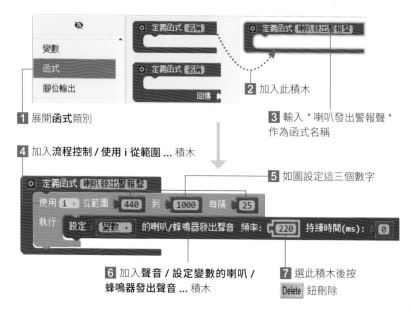

1 展開**函式**類別

2 加入此積木

3 輸入 " 喇叭發出警報聲 " 作為函式名稱

4 加入**流程控制 / 使用 i 從範圍 ...** 積木

5 如圖設定這三個數字

6 加入**聲音 / 設定變數的喇叭 / 蜂鳴器發出聲音 ...** 積木

7 選此積木後按 Delete 鈕刪除

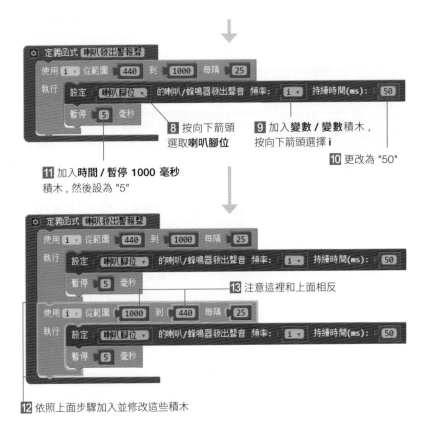

8 按向下箭頭選取喇叭腳位

9 加入**變數 / 變數**積木，按向下箭頭選擇 i

10 更改為 "50"

11 加入**時間 / 暫停 1000 毫秒**積木，然後設為 "5"

13 注意這裡和上面相反

12 依照上面步驟加入並修改這些積木

6 在主程式積木內放置下列積木，依照雷達感測模組輸出電壓來開關內建 LED，這樣我們就可以透過 LED 來得知目前模組是否有偵測到物體移動：

1 加入**腳位輸出 / 設定內建 LED...** 積木

2 選此積木後按 Delete 鈕刪除

3 加入**邏輯 / 非**積木

4 加入**腳位輸入 / 讀取變數的電位高低**積木

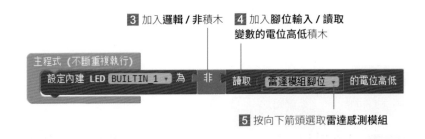

5 按向下箭頭選取雷達感測模組

內建 LED 是低電位亮燈，但是雷達感測模組是感應到移動時輸出高電位，所以上面使用**非**積木來將高電位轉成低電位。

7 接著我們要在主程式中不斷讀取雷達感測模組的輸出，每當讀到高電位時，便計算現在距離上次低電位的時間，如果超過 10 秒，表示已經持續 10 秒都有偵測到物體移動，此時便發出警報：

2 按齒輪圖示展開設定窗格

1 加入**流程控制 / 如果**積木

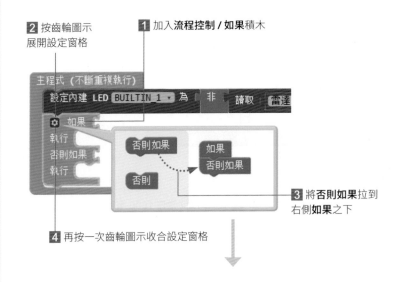

3 將**否則如果**拉到右側**如果**之下

4 再按一次齒輪圖示收合設定窗格

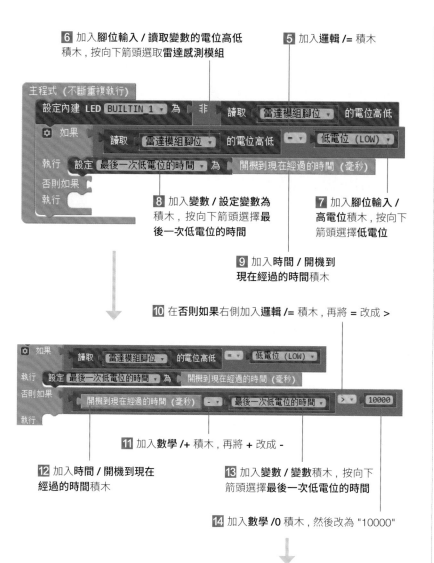

6 加入**腳位輸入 / 讀取變數**的電位高低積木，按向下箭頭選取**雷達感測模組**

5 加入**邏輯** /= 積木

8 加入**變數 / 設定變數為**積木，按向下箭頭選擇**最後一次低電位的時間**

7 加入**腳位輸入 / 高電位**積木，按向下箭頭選擇**低電位**

9 加入**時間 / 開機到現在經過的時間**積木

10 在**否則如果**右側加入**邏輯** /= 積木，再將 = 改成 >

11 加入**數學** /+ 積木，再將 + 改成 -

12 加入**時間 / 開機到現在經過的時間**積木

13 加入**變數 / 變數**積木，按向下箭頭選擇**最後一次低電位的時間**

14 加入**數學** /0 積木，然後改為 "10000"

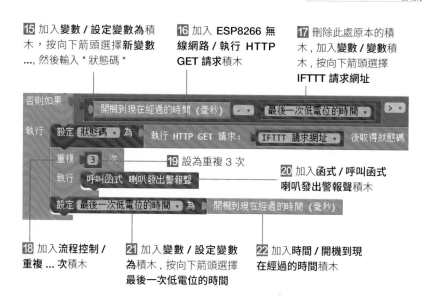

15 加入**變數 / 設定變數為**積木，按向下箭頭選擇**新變數** ...，然後輸入 " 狀態碼 "

16 加入 **ESP8266 無線網路 / 執行 HTTP GET 請求**積木

17 刪除此處原本的積木，加入**變數 / 變數**積木，按向下箭頭選擇 **IFTTT 請求網址**

19 設為重複 3 次

20 加入**函式 / 呼叫函式 喇叭發出警報聲**積木

18 加入**流程控制 / 重複 ... 次**積木

21 加入**變數 / 設定變數為**積木，按向下箭頭選擇**最後一次低電位的時間**

22 加入**時間 / 開機到現在經過的時間**積木

設計到此，就已經大功告成了。完成後請按**儲存**鈕儲存專案，然後確認 D1 Mini 板已用 USB 線接至電腦，按 ▶ 鈕將程式上傳。

當出現上傳成功訊息後，請先等待 30 秒 (等內建 LED 停止閃爍)，然後即可移動身體或揮揮手來測試一下，此時內建 LED 燈應會立即點亮，在身體保持不動之後，約 2~3 秒 LED 即會熄掉。

接著請移動移動身體或揮揮手持續超過 10 秒，就會聽到喇叭發出警報聲，稍等片刻您的 LINE 也會收到入侵的警報通知。

⚠ 因為雷達感測模組具有 360 度的感應範圍，除了您自己以外，若周圍有人移動的話模組也會有感應，所以測試時請留意周圍的狀況。

程式裡面設定喇叭發出三次警報聲，若您想要發出比較久的警報聲，請修改**呼叫函式 喇叭發出警報聲**積木前面的重複次數。

CHAPTER 04

溫度偵測

LINE 查詢機器人

第 2 章我們將感測到的資訊以通知的方式傳送到手機上，這樣的通知只是單方向的被動接收。本章我們將設計一個 LINE 查詢機器人，我們可以跟這個 LINE 機器人交談，主動詢問遠端感測到的溫度值。

4-1　認識 DS18B20 溫度感測器

我們將使用 DS18B20 感測器來偵測溫度，這個感測器可以偵測 -55℃ ~ 125℃ 的溫度，並且將感測值以數位的方式傳送到我們的控制板。

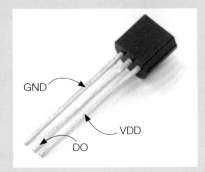

GND
VDD
DO

4-2　LINE 交談機器人的運作原理

我們準備製作的查詢機器人，是以 LINE 做為查詢的介面，並且以交談對話的方式進行查詢，所以隨後我們會將這個機器人稱為交談機器人。LINE 交談機器人的運作流程如下：

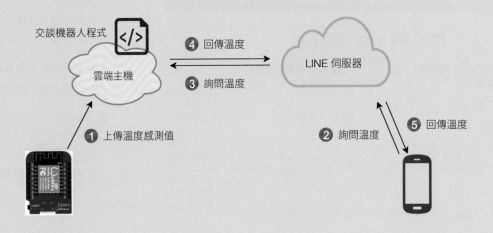

交談機器人程式

雲端主機

❹ 回傳溫度

❸ 詢問溫度

LINE 伺服器

❶ 上傳溫度感測值

❷ 詢問溫度

❺ 回傳溫度

從上圖可以看到，如果要製作一個 LINE 交談機器人，首先需要撰寫一個交談機器人程式放置在雲端主機上，然後在 LINE 的伺服器上面建立一個**通道 (channel)**，所謂的通道是用來介接手機與交談機器人，當我們用手機 LINE App 詢問溫度時，LINE 伺服器會幫我們去詢問交談機器人程式，問到答案後再回傳至我們手機。

撰寫交談機器人程式時，必須依照 LINE 的 API 通訊格式，才能與 LINE 的伺服器溝通。不過請別擔心！我們已經為您準備好程式來處理通訊相關的細節，您只要輸入大約 4 行程式碼，就可以架構出交談機器人了！

我們會依照下面步驟，一步一步來實作溫度偵測 LINE 交談機器人：

1. **使用 Google 服務建立交談機器人**

2. **在 LINE 的伺服器建立通道**

3. **撰寫 D1 mini 程式定時上傳溫度給交談機器人**

4-3 使用 Google Apps Script 建立交談機器人程式

交談機器人的程式必須放置在雲端主機上，我們將使用 Google 提供的雲端服務 – Apps Script，將我們的程式放在 Apps Script 免費版本上，即可輕鬆建立交談機器人。

請連線 https://script.google.com，然後如下操作以建立交談機器人：

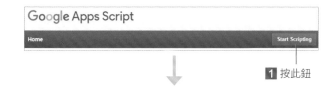

1 按此鈕

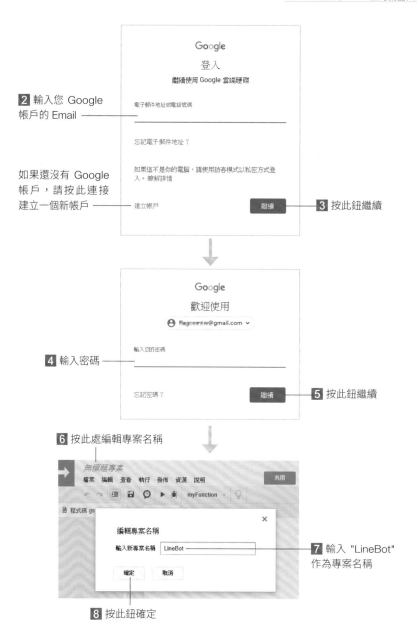

2 輸入您 Google 帳戶的 Email

如果還沒有 Google 帳戶，請按此連接建立一個新帳戶

3 按此鈕繼續

4 輸入密碼

5 按此鈕繼續

6 按此處編輯專案名稱

7 輸入 "LineBot" 作為專案名稱

8 按此鈕確定

請另外開一個瀏覽器視窗，連線 http://bit.ly/fm61104 或 http://flagtech.github.io/FM611A/lab04.js，複製網頁上顯示的所有程式碼：

然後回到 Google Apps Script 網站，貼上程式碼，再將這個程式部署到 Google 的雲端主機：

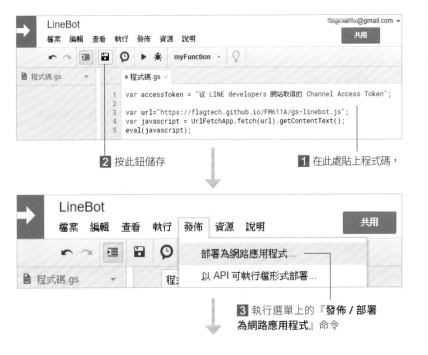

8 按此鈕

9 將此處的一長串
網址完整複製下來

10 按此鈕完成設定

3 此處顯示 OK 表示正常

1 將網址貼到
瀏覽器的網址列

2 在最後面加上 ?t=36.7
然後按 Enter 鍵

上面測試中，我們已經透過網址將 36.7 這個溫度值傳送給交談機器人，機器人會儲存下來，日後 LINE 伺服器來詢問的時候，機器人就會將這個溫度值回傳給 LINE。

我們已經在 Google Apps Script 服務上架設好交談機器人了，接著我們要到 LINE 網站去建立通道 (channel) 給手機的 LINE App 使用了。

4-4 建立 LINE 交談機器人的通道

■ 註冊帳號

請連線 https://developers.line.me，然後如下進行註冊：

1 按此鈕

2 使用您的 LINE
帳號登入

剛剛我們複製的是交談機器人的連線網址，等一下 D1 mini 與 LINE 伺服器都會透過這個網址與交談機器人溝通。請如下測試這個網址是否可以正常運作：

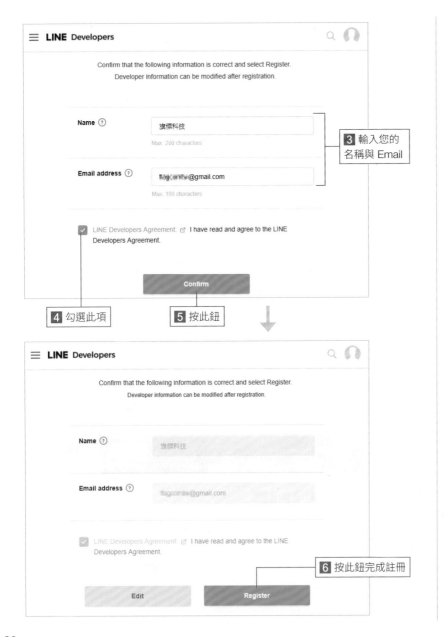

3 輸入您的名稱與 Email

4 勾選此項   **5** 按此鈕

6 按此鈕完成註冊

■ 建立通道

完成註冊之後，請依照下面步驟建立 LINE 交談機器人的通道

1 按此處   **2** 在選單中選擇 Products

3 在選單中選擇 Messaging API   **4** 按此鈕

5 選擇此項

6 輸入喜好的名稱

7 按此鈕

向下捲動網頁

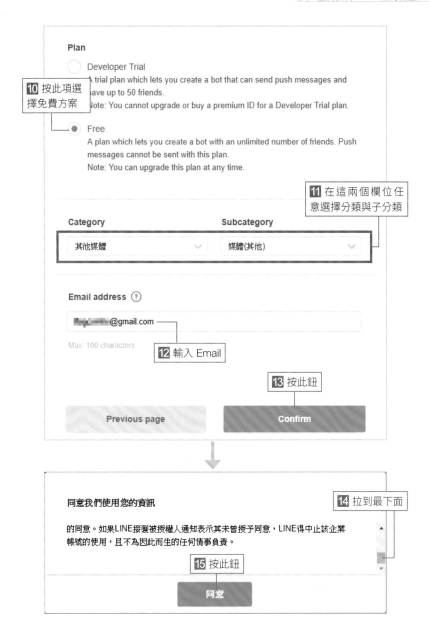

☑ LINE@ Terms of Use ☑ I have read and agree to the Terms of Use.

☑ Messaging API (Free plan) Terms of Use: ☑ I have read and agree to the Terms of Use.

16 勾選這兩個項目

17 按此鈕完成

Edit   Create

■ 設定通道

至此我們已經在 LINE 伺服器上建立好一個新的通道，然後請如下設定讓這個通道可以連線交談機器人：

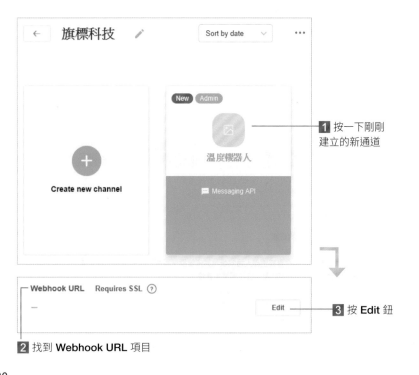

← 旗標科技 ✏   Sort by date ⌄   •••

New Admin

溫度機器人

Create new channel   💬 Messaging API

1 按一下剛剛建立的新通道

─ Webhook URL   Requires SSL ⓘ
─

Edit   **3** 按 Edit 鈕

2 找到 Webhook URL 項目

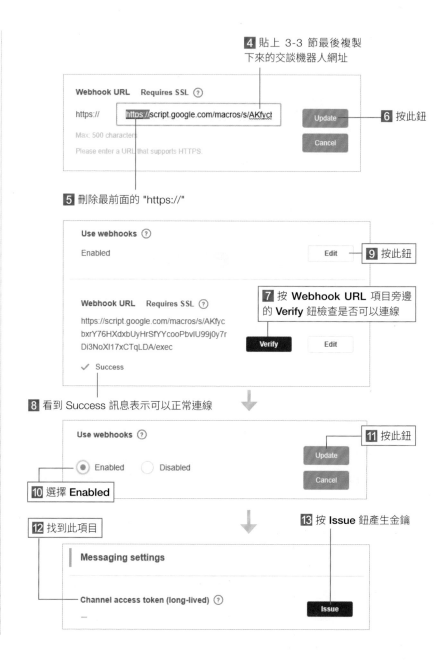

4 貼上 3-3 節最後複製下來的交談機器人網址

Webhook URL   Requires SSL ⓘ

https:// | https://script.google.com/macros/s/AKfycl | Update   **6** 按此鈕

Max: 500 characters   Cancel

Please enter a URL that supports HTTPS.

5 刪除最前面的 "https://"

Use webhooks ⓘ

Enabled   Edit   **9** 按此鈕

7 按 Webhook URL 項目旁邊的 Verify 鈕檢查是否可以連線

Webhook URL   Requires SSL ⓘ

https://script.google.com/macros/s/AKfyc
bxrY76HXdxbUyHrSfYYcooPbvIU99j0y7r
Di3NoXl17xCTqLDA/exec

Verify   Edit

✓ Success

8 看到 Success 訊息表示可以正常連線

Use webhooks ⓘ

● Enabled   ○ Disabled

Update   **11** 按此鈕

Cancel

10 選擇 Enabled

12 找到此項目

13 按 Issue 鈕產生金鑰

Messaging settings

Channel access token (long-lived) ⓘ

─   Issue

30

Issue a new channel access token

Your current channel access token becomes invalid when a new token is issued. Set the amount of time (up to 24 hours) until the token becomes invalid and then click the "Issue" button.

Time until token becomes invalid **0** ∨ hours

Cancel　　**Issue**

14 按此鈕

Channel access token (long-lived) ⑦

1sj4pZQh6raRersyLPbox5amVwfzrco4tmmQQwT/8ybeUl5
FqeONF4298aMBiR43aQSJMAAVjCbDQi0j8WCvCHoDjhl
hnADGZ2fQvgUpAuWKWl/Zh7BFkAO12PMuV0+mXCRR
UdNbr8uKHje05BpltQdB04t89/1O/w1cDnyilFU=

Issue

15 複製此金鑰

Auto-reply messages ⑦

Disabled　　Edit

16 向下捲動網頁找到 Auto-reply messages 項目

17 按 Edit 鈕設定為 Disabled，
再按 Update 鈕

Greeting messages ⑦

Enabled　　Set message ⌇　Edit

QR code of your bot

QR code

18 掃描這個 QR Code，
將這個機器人加為好友

Use this QR code to add your bot as a friend for testing and to share your bot with other users.

請開啟手機的 LINE App，將機器人加為好友：

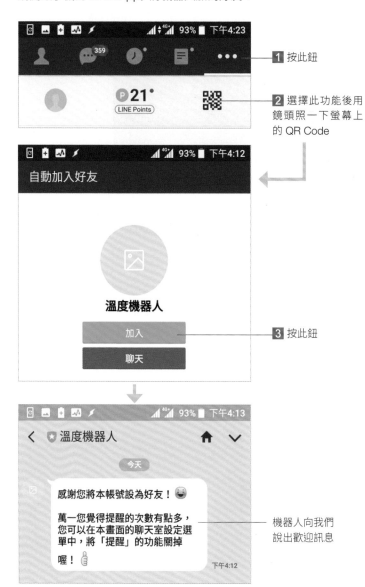

1 按此鈕

2 選擇此功能後用
鏡頭照一下螢幕上
的 QR Code

自動加入好友

溫度機器人

加入

聊天

3 按此鈕

< ⭐ 溫度機器人　🏠 ∨

今天

感謝您將本帳號設為好友！😄

萬一您覺得提醒的次數有點多，
您可以在本畫面的聊天室設定選
單中，將「提醒」的功能關掉
喔！👍

下午4:12

機器人向我們
說出歡迎訊息

我們的交談機器人已經幾乎完成了，剩下最後一個步驟是將剛剛複製的 LINE 金鑰貼到機器人的程式碼中，這樣機器人才能正常回應我們的訊息。請再次連線 https://script.google.com，然後如下操作：

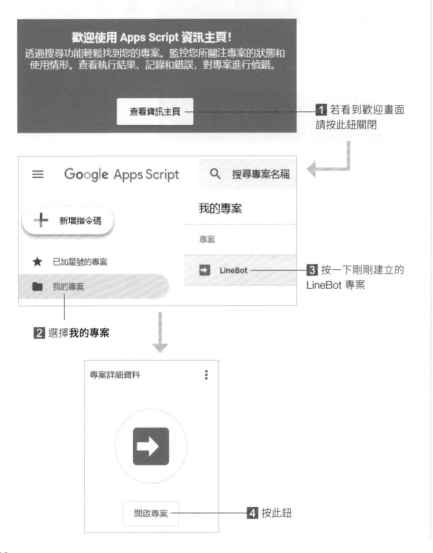

歡迎使用 Apps Script 資訊主頁！
透過搜尋功能輕鬆找到您的專案。監控您所關注專案的狀態和使用情形。查看執行結果、記錄和錯誤，對專案進行偵錯。

查看資訊主頁

1 若看到歡迎畫面請按此鈕關閉

2 選擇**我的專案**

3 按一下剛剛建立的 LineBot 專案

4 按此鈕

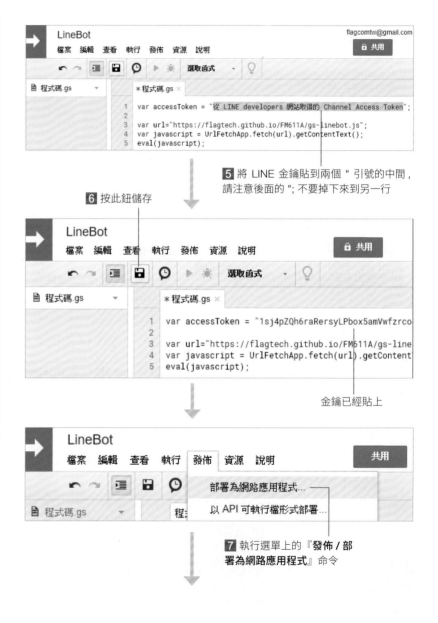

5 將 LINE 金鑰貼到兩個 " 引號的中間，請注意後面的 "; 不要掉下來到另一行

6 按此鈕儲存

金鑰已經貼上

7 執行選單上的『**發佈 / 部署為網路應用程式**』命令

部署為網路應用程式 ✕

目前的網路應用程式網址：　　　停用網路應用程式
https://script.google.com/macros/s/AKfycbxrY76HXdxbU...
針對最新的程式碼測試網路應用程式。

專案版本
新增 ▼
請描述這個版本有哪些變更...

將應用程式執行為：
我 (flagcomtw@gmail.com) ▼
您必須在發佈網址前授權指令碼。

具有應用程式存取權的使用者：
任何人，甚至是匿名使用者 ▼

更新　　取消　　說明

8 修改程式碼之後，**專案版本**項目務必要選擇**新增**，才會將新的程式碼部署到雲端主機

9 按此鈕完成更新

請回到手機的 LINE App，詢問機器人溫度多少：

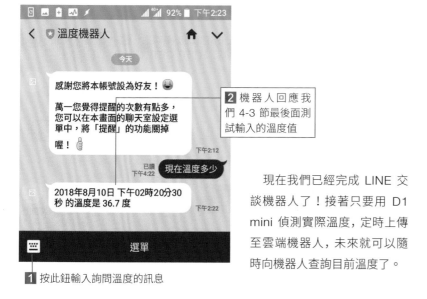

2 機器人回應我們 4-3 節最後面測試輸入的溫度值

1 按此鈕輸入詢問溫度的訊息

現在我們已經完成 LINE 交談機器人了！接著只要用 D1 mini 偵測實際溫度，定時上傳至雲端機器人，未來就可以隨時向機器人查詢目前溫度了。

Lab04

偵測溫度並上傳給機器人

實驗目的	使用 DS18B20 溫度感測器偵測溫度，然後定時傳送到雲端上的機器人，以便讓使用者透過 LINE 查詢溫度。
材料	● D1 mini ● 杜邦線與排針若干 ● 麵包板 ● DS18B20 溫度感測器 ● 4.7KΩ 電阻

■ 請依線路圖接線

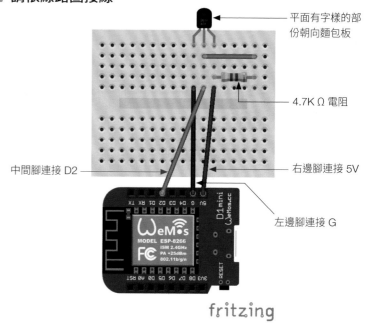

平面有字樣的部份朝向麵包板

4.7KΩ 電阻

右邊腳連接 5V

左邊腳連接 G

中間腳連接 D2

fritzing

■ 設計程式

1 請開啟 Flag's Block, 加入下列積木連線 WiFi, 詳細步驟請參見第 2 章 LAB 02：

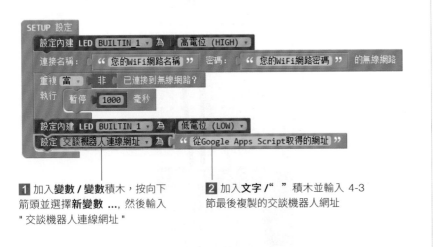

記得更改 WiFi 基地台名稱與密碼

2 將 3-3 節最後複製下來的交談機器人網址設定在變數內：

1 加入**變數 / 變數**積木, 按向下箭頭並選擇**新變數 ...**, 然後輸入 "交談機器人連線網址"

2 加入**文字 /** " " 積木並輸入 4-3 節最後複製的交談機器人網址

3 在主程式積木內放置下列積木, 用來偵測溫度：

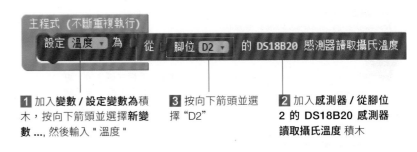

1 加入**變數 / 設定變數為**積木, 按向下箭頭並選擇**新變數 ...**, 然後輸入 "溫度"

3 按向下箭頭並選擇 "D2"

2 加入**感測器 / 從腳位 2 的 DS18B20 感測器讀取攝氏溫度** 積木

4 在主程式積木內放置下列積木, 定期上傳溫度值給交談機器人：

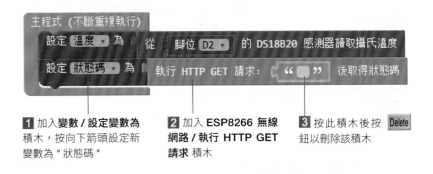

1 加入**變數 / 設定變數為**積木, 按向下箭頭設定新變數為 "狀態碼"

2 加入 **ESP8266 無線網路 / 執行 HTTP GET 請求** 積木

3 按此積木後按 Delete 鈕以刪除該積木

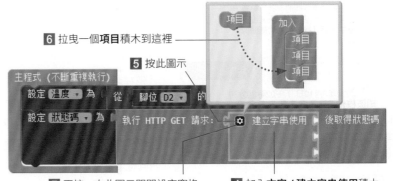

6 拉曳一個**項目**積木到這裡

5 按此圖示

7 再按一次此圖示關閉設定窗格

4 加入**文字 / 建立字串使用**積木

34

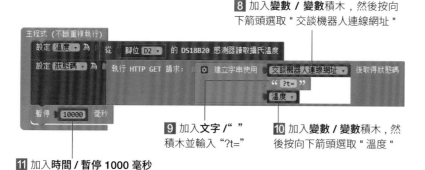

8 加入**變數 / 變數**積木，然後按向下箭頭選取 " 交談機器人連線網址 "

9 加入**文字 /" "** 積木並輸入 "?t="

10 加入**變數 / 變數**積木，然後按向下箭頭選取 " 溫度 "

11 加入**時間 / 暫停 1000 毫秒** 積木，然後更改為 10000

Google Apps Script 免費版本限制一天只能讀寫資料 50000 次，平均大約是 2 秒一次，加上 LINE 過來查詢資料需要耗費讀取次數，所以我們設定 10 秒上傳一次溫度值，避免超過讀寫次數的上限。

設計到此，就已經大功告成了。完成後請按**儲存**鈕儲存專案，然後確認 D1 Mini 板已用 USB 線接至電腦，按 ▶ 鈕將程式上傳。

當出現上傳成功訊息後，請等待內建 LED 熄滅後重新點亮，表示已經正常連上 WiFi。然後請用手機 LINE App 查詢溫度，即可查詢到每 10 秒更新一次的最新溫度值。

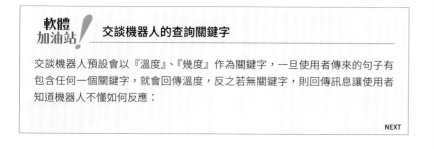

軟體加油站！ **交談機器人的查詢關鍵字**

交談機器人預設會以『溫度』、『幾度』作為關鍵字，一旦使用者傳來的句子有包含任何一個關鍵字，就會回傳溫度，反之若無關鍵字，則回傳訊息讓使用者知道機器人不懂如何反應：

NEXT

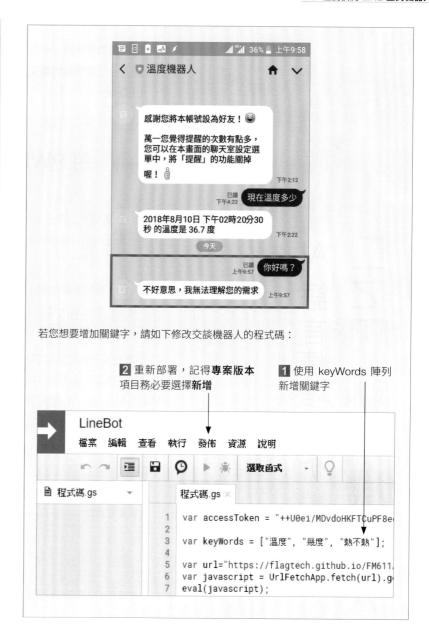

若您想要增加關鍵字，請如下修改交談機器人的程式碼：

2 重新部署，記得**專案版本**項目務必要選擇**新增**

1 使用 keyWords 陣列新增關鍵字

```
var accessToken = "++U0ei/MDvdoHKFTCuPF8e
var keyWords = ["溫度", "幾度", "熱不熱"];

var url="https://flagtech.github.io/FM611
var javascript = UrlFetchApp.fetch(url).g
eval(javascript);
```

CHAPTER 05

前面我們製作的 LINE 機器人只能簡單的查詢溫度資料, 現在就讓我們加上 AI 人工智慧的功能, 讓 LINE 機器人可以陪伴我們聊天, 而且 AI 還能判斷我們語言中的情緒, 依照正面與負面的情緒程度, 點亮不同顏色的 LED 燈。

5-1 用 PWM 控制 RGB 三色 LED

RGB 三色 LED 是把紅、藍、綠三個 LED 包裝成一顆 LED, 我們可以個別控制其發光, 因此三色 LED 除了能夠單獨發出紅、綠、藍三種色光外, 還可混搭出各種顏色的光。如果同時發出等亮的紅綠藍三種色光, 則可產生白光。

RGB 三個腳位分別控制紅、綠、藍 3 個色光

第 1 章我們曾經說明 LED 的發光方式是長腳接高電位, 短腳接低電位, 像水往低處流一樣產生高低電位差, 讓電流流過 LED 即可發光。若是長腳連接的電壓越高, LED 發出的光就會越亮。

但是在電子數位的世界裡面, 狀態只有 0/1 (無 / 有、關 / 開) 兩種, 因此 D1 mini 控制板上的 IO 腳位電壓輸出只能有 0V 與 3.3V 兩種, 為了要控制 LED 的亮度, 我們將採用 PWM (Pulse Width Modulation, 脈波寬度調變)。

PWM 的概念很簡單, 數位世界只有 0/1, 所以產生的脈波振幅只有高、低電位兩種變化, 但是我們可以加上時間因素, 以脈波週期為單位區間, 藉由脈波寬度的長短來呈現強弱的概念:

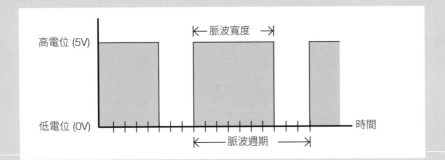

當高電位的脈波寬度較寬，表示 LED 通電的時間較久，因此 LED 的亮度會較高；反之就會讓 LED 的亮度變低。也就是說只要改變 PWM 脈波寬度，即可模擬輸出不同電壓的電流，因而讓 LED 有不同的亮度。

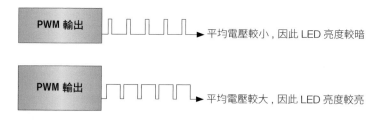

由於 PWM 是不斷的在高、低電位間切換，也就是說 LED 實際上是不斷在通電、斷電間切換，不過切換的速度很快，所以感覺就像是輸出連續的電力。

設定 PWM 時，PWM 是以百分比 (稱為 Duty Cycle, 負載率, 亦稱佔空比) 來表示。例如 D1 mini 的 PWM 最大值為 1023, 若是設定 PWM 值為 818, 則負載率等於 818÷1023 約為 80%, 表示該腳位 80% 的時間是高電位。

5-2　LINE 聊天機器人的運作流程

下面是本章要製作的 LINE 聊天機器人運作流程：

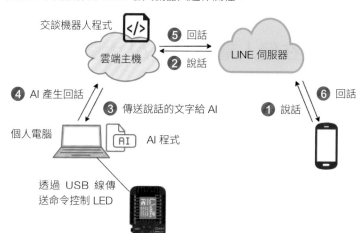

運作流程與前一章類似，唯一不同的是本章會增加個人電腦來執行 AI 程式，因為 AI 需要的資料量與運算量較高，一般免費的雲端主機無法負荷，所以我們將以個人電腦執行 AI 程式。

5-3　在 Google 與 LINE 網站建立機器人

請依照 4-3 節的說明，到 https://script.google.com 按**新增指令碼**或 **Start Scripting** 鈕建立交談機器人程式，步驟 7 的專案名稱建議輸入 "AIBot"：

然後複製程式碼時，請改成連線 http://bit.ly/fm61105 或 http://flagtech.github.io/FM611A/lab05.js, 複製網頁上顯示的所有程式碼：

回到 Google Apps Script 網站貼上程式碼，完成部署後不需要進行測試。

接著請依照 4-4 節的說明，連線 https://developers.line.me 建立通道 (channel)。建立時步驟 8 的 **App name** 欄位建議輸入 "AI 聊天機器人 "：

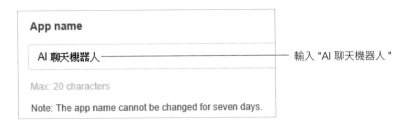

→ 輸入 "AI 聊天機器人 "

設定通道時，完成步驟 18 之前請額外開啟 **Allow bot to join group chats** 功能：

Allow bot to join group chats ⑦
Enabled   Edit

└── 開啟此功能

建立完畢將機器人加為好友，就可以開始跟機器人小聊一下：

您可以用『學 句子 回答』的格式來教這個聊天機器人：

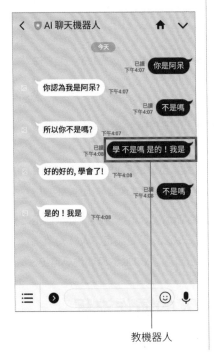

教機器人

目前我們製作的只是簡單的問答型機器人，所有回答都是程式裡面預設好的，只要多聊幾句便可以發現機器人只會制式化的回答：

5-4 在個人電腦架設 AI 大腦

為了讓我們的聊天機器人更加聰明，我們將在個人電腦上安裝一個 AI 大腦程式，讓聊天機器人可以連線這個 AI 大腦，擴充機器人的『智力』。

請使用瀏覽器連線 http://www.flag.com.tw/maker/download/FM611Z 下載 AIBot.exe, 下載後請雙按該檔案，如下進行安裝：

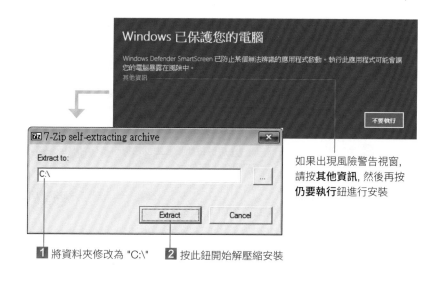

如果出現風險警告視窗，
請按**其他資訊**，然後再按
仍要執行鈕進行安裝

1 將資料夾修改為 "C:\" **2** 按此鈕開始解壓縮安裝

安裝完畢後，請執行『**開始 / 電腦**』命令，切換到 "C:\AIBot" 資料夾，依照下面步驟啟動 AI 大腦：

1 切換到 "C:\AIBot" 資料夾

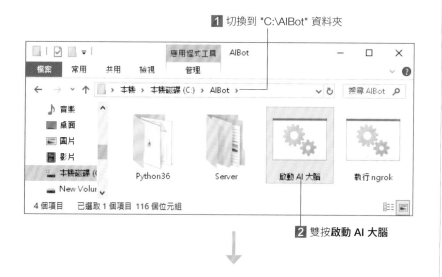

2 雙按**啟動 AI 大腦**

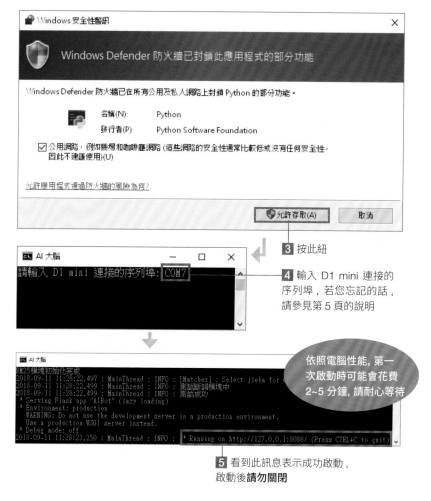

3 按此鈕

4 輸入 D1 mini 連接的序列埠，若您忘記的話，請參見第 5 頁的說明

依照電腦性能，第一次啟動時可能會花費 2~5 分鐘，請耐心等待

5 看到此訊息表示成功啟動，啟動後**請勿關閉**

一般個人電腦都是位於路由器的內部網路，放置在雲端的聊天機器人無法從外部連線內部網路上的 AI 大腦。為了讓聊天機器人可以連線 AI 大腦，必須要有一個『中間者』來負責轉介。

我們將使用 **ngrok** 服務來擔任這個中間者，請連線到 https://ngrok.com/ 依照下面步驟操作：

1 按此鈕註冊

2 輸入您想要使用的名字

3 輸入您的 Email

4 輸入您想要使用的密碼

5 勾選此項

6 按此鈕建立帳號

您也可以透過這些
網站的帳號來註冊

7 按此鈕下載

8 按此連結

9 用滑鼠雙按此處反白後，按 Ctrl + C
複製此處的金鑰

剛剛下載的檔案是一個壓鎖檔，請如下解壓縮：

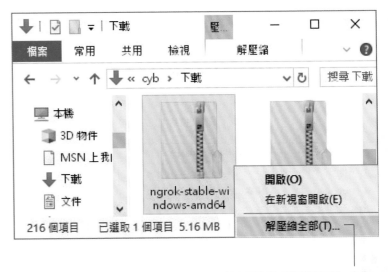

按右鈕執行『**解壓縮全部**』命令

解壓縮之後請將 ngrok.exe 執行檔複製到 "C:\AIBot" 資料夾，然後如下操作：

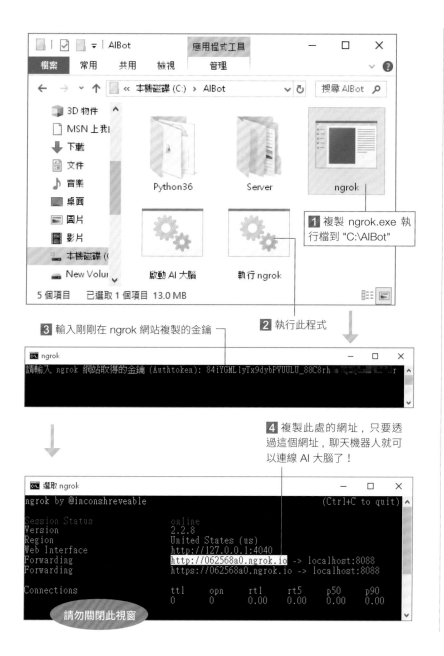

① 複製 ngrok.exe 執行檔到 "C:\AIBot"

② 執行此程式

③ 輸入剛剛在 ngrok 網站複製的金鑰

④ 複製此處的網址，只要透過這個網址，聊天機器人就可以連線 AI 大腦了！

請勿關閉此視窗

請再次連線 https://script.google.com, 開啟 5-3 節建立的 AIBot 專案, 然後如下操作：

② 按此鈕儲存

③ 執行選單上的『**發佈 / 部署為網路應用程式**』命令

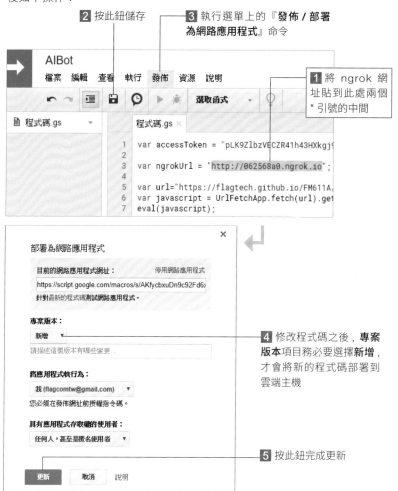

① 將 ngrok 網址貼到此處兩個 " 引號的中間

④ 修改程式碼之後，**專案版本**項目務必要選擇**新增**，才會將新的程式碼部署到雲端主機

⑤ 按此鈕完成更新

我們已經為聊天機器人接上 AI 大腦擴充了『智力』, 最後我們將撰寫 D1 mini 的程式, 用來接收 AI 大腦判斷的情緒指數, 讓三色 LED 燈顯示相對應的顏色。

Lab05

智慧情緒燈

實驗目的	接收 AI 大腦程式判斷的情緒指數，正面情緒亮紅燈，負面情緒亮藍燈，普通情緒亮綠燈，情緒越高昂則亮度越高。
材料	• D1 mini • 杜邦線與排針若干 • RGB 三色 LED

■ 請依線路圖接線

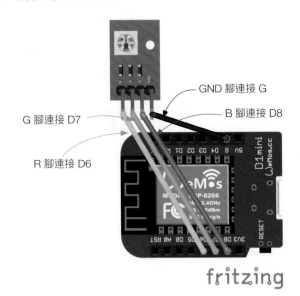

GND 腳連接 G

B 腳連接 D8

G 腳連接 D7

R 腳連接 D6

fritzing

■ 設計原理

AI 大腦程式判斷出的情緒指數會以 100 到 -100 來表示，正值表示正面情緒，負值表示負面情緒，0 則是普通情緒，這個數值會透過 USB 以序列通訊的方式傳送給 D1 mini。

D1 mini 的 PWM 值最大是 1023，假設收到的情緒指數是 80，則會以 80×1023÷100 ≒ 818 來換算出 PWM 值，然後便以這個值來點亮三色 LED 的紅光。

■ 設計程式

1 請開啟 Flag's Block, 加入下列積木設定 LED 各顏色的腳位：

1 加入**流程控制 /SETUP 設定**積木

2 加入**變數 / 設定變數為腳位 D6**積木，按向下箭頭選擇**新變數 ...**，然後輸入 " 紅色腳位 "

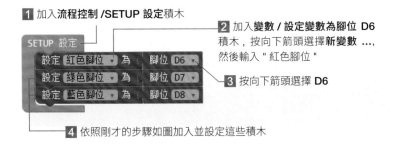

3 按向下箭頭選擇 **D6**

4 依照剛才的步驟如圖加入並設定這些積木

2 在主程式積木內放置下列積木接收情緒指數：

2 加入**序列通訊 / 透過序列通訊取得文字 ...** 積木

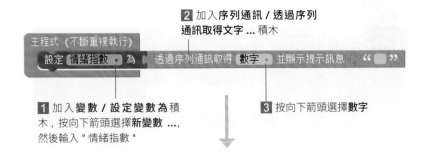

1 加入**變數 / 設定變數為**積木，按向下箭頭選擇**新變數 ...**，然後輸入 " 情緒指數 "

3 按向下箭頭選擇**數字**

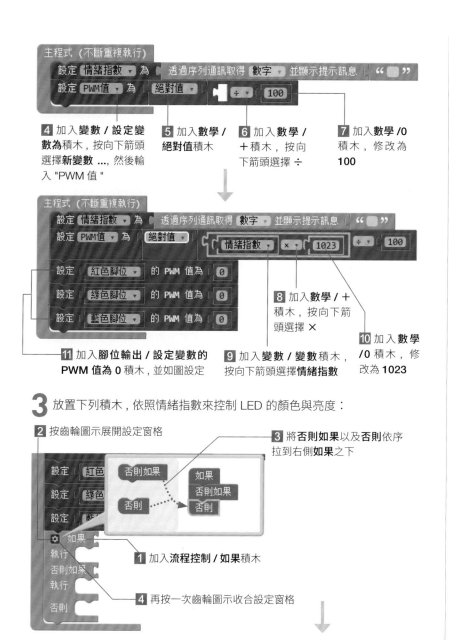

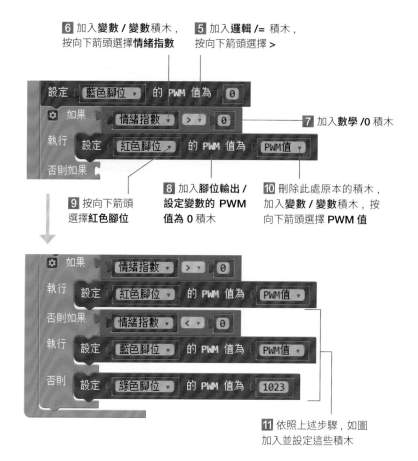

設計到此，就已經大功告成了。完成後請按**儲存**鈕儲存專案，然後確認 D1 Mini 板已用 USB 線接至電腦，按 ▶ 鈕將程式上傳。

當出現上傳成功訊息後，請用手機 LINE App 與機器人聊天，請先輸入 " 開啟心情模式 " 來啟動 AI 的情緒判斷功能：

AI 的情緒判斷功能
已經啟動 ——

機器人回覆 **開心** 時，
三色 LED 會亮紅色

機器人回覆 **哭哭** 時，
三色 LED 會亮藍色

機器人回覆 **嗯嗯** 時，
三色 LED 會亮綠色

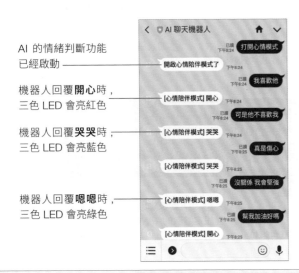

本套件提供的 AI 大腦程式收集了
2015 年至 2017 年 6 月 PTT 八卦
版文章進行訓練，您可以輸入 " 開啟
PTT 鄉民模式 " 來讓 AI 以 PTT 鄉民
語氣作回覆：

請小心！PTT 鄉民模
式可能會有比較不雅
的言詞

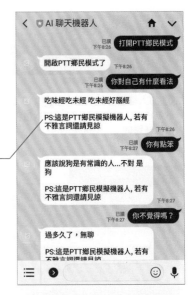

軟體加油站！ 不同心情的回覆語句

交談機器人預設會以『開心』、『哭哭』、『嗯嗯』作為正、負、普通情緒的回覆
語句，若您想要修改回覆語句，請到 https://script.google.com 如下修改交談機
器人的程式碼：

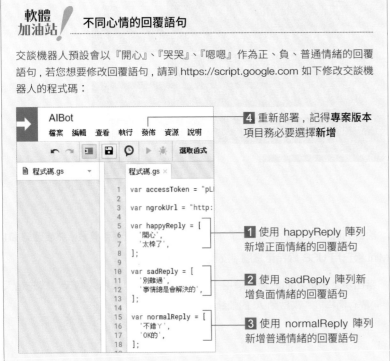

4 重新部署，記得**專案版本**
項目務必要選擇**新增**

1 使用 happyReply 陣列
新增正面情緒的回覆語句

2 使用 sadReply 陣列新
增負面情緒的回覆語句

3 使用 normalReply 陣列
新增普通情緒的回覆語句

您也可以將聊天機器人拉入群組，
讓您的其他好友一起與機器人對話：

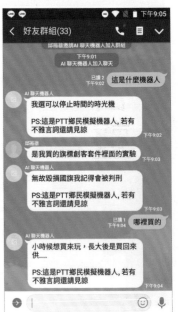

 心情模式與 PTT 鄉民模式都需要連線您個
人電腦上的 AI 大腦，Google Apps Script
免費版本限制一天只能網路連線 20000
次，平均大約每分鐘 13 次。若是您的好友
過於密集的與機器人對話，可能會超過網
路連線次數上限，導致機器人無法以心情
模式與 PTT 鄉民模式正常運作。

⚠ 輸入 "關閉心情模式" 或 "關閉 PTT 鄉民模
式" 可關閉這兩個模式。

科幻影片內常常看到用語音來操控各式各樣的裝置, 是不是很羨慕其便利性呢？在這一章我們將使用 Google 提供的 AI 語音辨識, 來實作裝置聲控的功能。

AI 語音聲控

6-1　認識繼電器

平常我們用來實作創客應用的 D1 mini 或 Arduino 都是以直流供電, 如果想要控制使用交流電的家電裝置, 必須透過繼電器 (Relay) 這個電子元件來控制。繼電器可以用小電流來控制大電流是否通電, 並且具備保護電路, 能夠避免大電流回流衝擊小電流端：

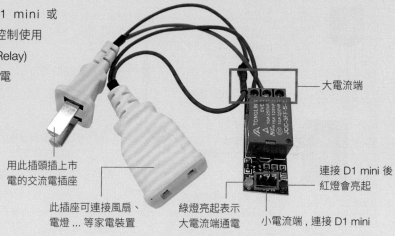

用此插頭插上市電的交流電插座

此插座可連接風扇、電燈 ... 等家電裝置

綠燈亮起表示大電流端通電

小電流端, 連接 D1 mini

大電流端

連接 D1 mini 後紅燈會亮起

⚠ 此插座功率有限, 不能用在大功率的電器上, 如微波爐、電冰箱等。

當我們用 D1 mini 連接繼電器, 若對 IN 腳位輸出高電位, 則大電流端會斷電, 如果對 IN 腳位輸出低電位, 那麼大電流端就會通電。

套件中的繼電器需要使用 5V 供電, 接到 IN 腳位的也必須是以 5V 為高電位的訊號, 而 D1 mini 上的數位輸出腳位都是 3.3V, 因此我們必須藉助電晶體當開關, 從 5V 腳位控制變換高低電位訊號到繼電器的 IN 腳位。

■ **電晶體元件**

本套件使用的電晶體型號為 2N2222, 共有 3 隻接腳, 分別為 B (基極)、C (集極)、E (射極)。藉由 D1 mini 輸出高電位到 B 接腳, 可導通電晶體, 讓 C、E 連通, 即可送出 E 端與 GND 連通的低電位訊號到 IN 腳位; 若給予 B 接腳低電位, 則電晶體的 C、E 不連通, 即會送出 C 端與 5V 連通的訊號到 IN 腳位。電晶體就像是一個透過電子訊號控制的開關:

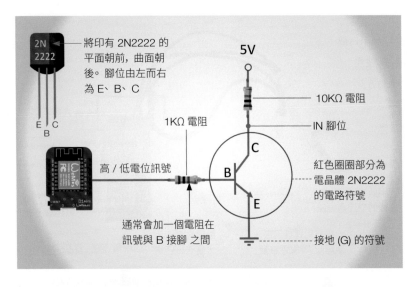

這樣的控制方式剛好變成 B 腳位高電位時繼電器大電流端通電, B 腳位低電位時繼電器大電流端斷電。

6-2 Google 的 Web Speech API 服務

Google 提供了免費的 Web Speech API 服務, 可以將我們的聲音轉換為文字, 這樣我們就可以透過文字中的關鍵字來判斷如何控制裝置。

我們已經為您準備好程式來處理 Web Speech API 的相關細節, 所以您只要撰寫好 D1 mini 的程式來控制繼電器的開與關, 便能實作出聲控裝置的功能。

若您對 Web Speech API 的細節有興趣的話, 請參見 http://bit.ly/gwebspch 或 https://developers.google.com/web/updates/2013/01/Voice-Driven-Web-Apps-Introduction-to-the-Web-Speech-API。

6-3 用瀏覽器作為 D1 mini 的輸出入介面

為了讓使用者可以取得 D1 mini 的輸出訊息, 並且輸入資訊給 D1 mini, 我們將使用手機或電腦的瀏覽器來作為 D1 mini 的輸出入介面, 所以我們需要用 D1 mini 控制板建立一個網站, 以便讓瀏覽器連線。

在本章的實驗中, 使用者連線 D1 mini 上的網站後, 網站會透過麥克風取得使用者的聲音, 然後透過 Web Speech API 將聲音轉換為文字。

Web Speech API 除了能將聲音轉換為文字, 也可以反過來將文字轉換為聲音。D1 mini 建立的網站也會利用這個功能, 將相關訊息用聲音唸出來, 達成更親善的人機溝通。

網站連線時可以分成 http 與 https 兩種, http 是非加密連線, https 是加密連線, 因此以 https 連線時, 所有的資料都會加密後才傳送, 避免被其他人竊聽。因為網站會透過麥克風收音, 為了安全起見, 我們會用 D1 mini 建立 https 網站。

D1 mini 建立網站的相關積木都在 Flag's Block 的 **ESP8266 無線網路**類別下, 首先要啟用 https 網站:

使用 **443** 號連接埠啟動 *https* 加密網站

連接埠編號就像是公司內的分機號碼一樣，其中 443 號連接埠是 https 網站預設使用的編號。如果更改編號，稍後在瀏覽器鍵入網址時，就必須在位址後面加上 ": 編號 "。假設 D1 mini 的 IP 是 192.168.4.1，當編號改為 5555，網址就要輸入 "https://192.168.4.1:5555"，若保留 443 不變，網址就只要輸入 "https://192.168.4.1"。

啟用網站後，手機連上與 D1 mini 相同的 WiFi 無線網路基地台，在瀏覽器輸入網址 (IP 位址)，即可連線到網站。

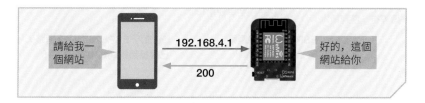

啟用網站後，還可以決定如何處理接收到的指令 (也稱為『請求 (Request)』)，這可以透過以下積木完成：

讓網站使用 開啟繼電器 ▼ 函式處理 /on 路徑的請求

路徑欄位就是指令的名稱，可用『/』分隔名稱做成多階層架構。不同指令可有對應的專門處理方式。在瀏覽器的網址中指定路徑的方式就像這樣：

```
https://192.168.4.1/on
```

對應路徑的處理工作則是交給積木前面設定的函式欄位來決定，每一個路徑都必須先準備好對應的處理函式。開發程式時，我們通常會把一些功能獨立出來，寫成一個函式，需要用到的時候執行函式即可，方便管理與維護。

要建立函式，可使用**函式 / 定義函式積木**來完成：

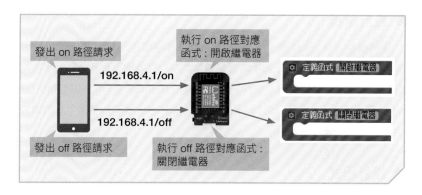

Lab06

語音聲控電源插座

實驗目的	將聲音轉為文字，再透過關鍵字來判斷要開啟或關閉繼電器的電源。
材料	● D1 mini　　　　　　　● 10kΩ 電阻 ● 杜邦線與排針若干　　● 1kΩ 電阻 ● 繼電器　　　　　　　● 2N2222 電晶體

■ 請依線路圖接線

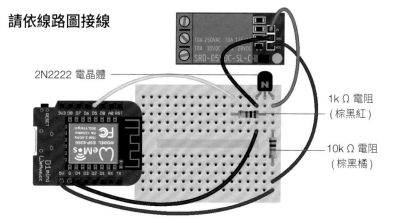

■ 設計原理

我們會在 D1 mini 建立一個網站，使用者連線這個網站後，可以透過 Google 的 Web Speech API 將聲音轉為文字，然後網頁會透過關鍵字來判斷，如果有開啟的關鍵字，就送出 "https://D1mini 的 IP/on" 的請求給 D1 mini，反之則送出 "https://D1mini 的 IP/off"，D1 mini 便可以依照不同的請求來開啟或關閉繼電器。

■ 設計程式

1 請開啟 Flag's Block，加入下列積木設定變數並連線 WiFi，詳細步驟請參見第 2 章 LAB 02：

1 加入**變數 / 設定變數為**積木，按向下箭頭選擇**新變數 ...**，然後輸入 " **繼電器腳位** "

2 加入**腳位輸出 / 腳位 D0** 積木，按向下箭頭選擇 **D5**

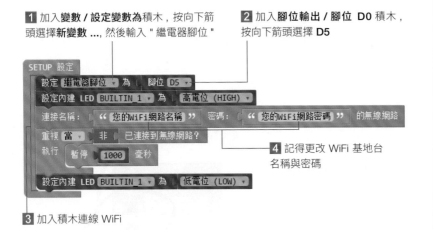

4 記得更改 WiFi 基地台名稱與密碼

3 加入積木連線 WiFi

2 一般設定下，連線 WiFi 後的 IP 是基地台分配的，我們無法提前得知，為了取得 D1 mini 連線 WiFi 後的 IP，以便我們連線 D1 mini 上面的網站，請如下讓 D1 mini 自己也建立一個基地台，名稱為 " 您的簡短英文名稱 -xxxxxx"，這樣我們只要掃描基地台，就可以知道 D1 mini 的 IP：

1 加入 **ESP8266 無線網路 / 啟用 AP+STA 雙模式**積木

4 刪除此處原本的積木

6 加入**文字 /"　"** 積木並輸入您的簡短英文名稱 (例如 Tony)，然後加上橫線

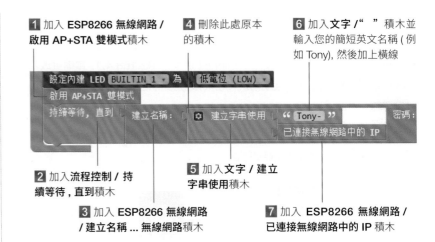

2 加入**流程控制 / 持續等待，直到**積木

3 加入 **ESP8266 無線網路 / 建立名稱 ... 無線網路**積木

5 加入**文字 / 建立字串使用**積木

7 加入 **ESP8266 無線網路 / 已連接無線網路中的 IP** 積木

以上圖為例，如果 D1 mini 的 IP 是 1.2.3.4，D1 mini 會建立一個 "Tony-1.2.3.4" 基地台，這樣我們掃描 WiFi 時看到這個基地台，就可以知道 Tony 使用的 D1 mini IP 是 1.2.3.4。

3 接下來定義給網頁請求使用的函式：

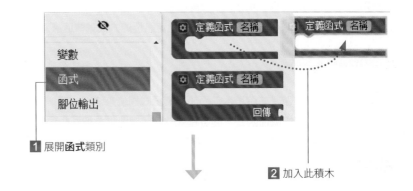

1 展開**函式**類別

2 加入此積木

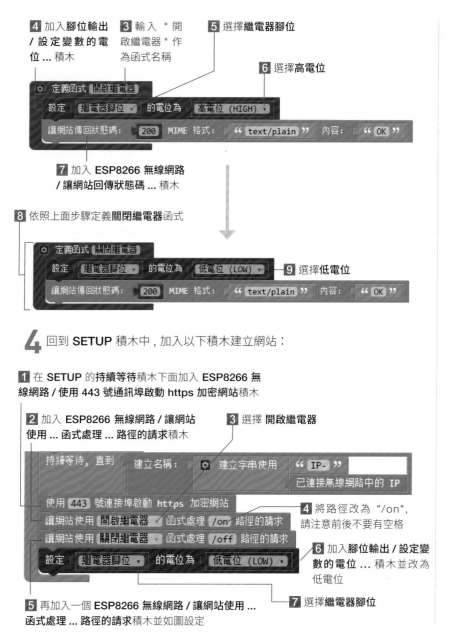

4 加入腳位輸出／設定變數的電位 ... 積木

3 輸入 " 開啟繼電器 " 作為函式名稱

5 選擇繼電器腳位

6 選擇高電位

⚙ 定義函式 開啟繼電器
設定 繼電器腳位 ▾ 的電位為 高電位 (HIGH) ▾
讓網站傳回狀態碼: 200 MIME 格式: " text/plain " 內容: " OK "

7 加入 ESP8266 無線網路／讓網站回傳狀態碼 ... 積木

8 依照上面步驟定義關閉繼電器函式

⚙ 定義函式 關閉繼電器
設定 繼電器腳位 ▾ 的電位為 低電位 (LOW) ▾
讓網站傳回狀態碼: 200 MIME 格式: " text/plain " 內容: " OK "

9 選擇低電位

4 回到 SETUP 積木中，加入以下積木建立網站:

1 在 SETUP 的持續等待積木下面加入 ESP8266 無線網路／使用 443 號通訊埠啟動 https 加密網站積木

2 加入 ESP8266 無線網路／讓網站使用 ... 函式處理 ... 路徑的請求積木

3 選擇 開啟繼電器

持續等待，直到 建立名稱: ⚙ 建立字串使用 " IP- "
已連接無線網路中的 IP
使用 443 號連接埠啟動 https 加密網站
讓網站使用 開啟繼電器 ▾ 函式處理 /on 路徑的請求
讓網站使用 關閉繼電器 ▾ 函式處理 /off 路徑的請求
設定 繼電器腳位 ▾ 的電位為 低電位 (LOW) ▾

4 將路徑改為 "/on"，請注意前後不要有空格

6 加入腳位輸出／設定變數的電位 ... 積木並改為低電位

7 選擇繼電器腳位

5 再加入一個 ESP8266 無線網路／讓網站使用 ... 函式處理 ... 路徑的請求積木並如圖設定

---

5 最後在主程式積木內，放入 ESP8266 無線網路／讓網站接收請求積木，不斷等待外部裝置送來的請求:

主程式（不斷重複執行）
讓網站接收請求

加入 ESP8266 無線網路／讓網站接收請求積木

6 積木完成後，我們要先上傳本套件預先準備的網頁程式檔給 D1 mini，網頁上傳後，才可以上傳積木程式:

Flag's Block

另存新專案
上傳音樂資料
上傳網頁資料

1 按這裡開啟功能表

2 執行『上傳網頁資料』命令

3 切換到 Flag's Block 安裝路徑下的 www 資料夾 (通常是 C:\FlagsBlock\www\)

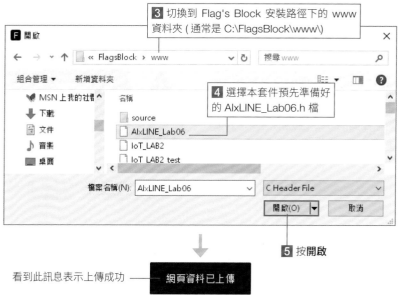

4 選擇本套件預先準備好的 AIxLINE_Lab06.h 檔

5 按開啟

看到此訊息表示上傳成功 　網頁資料已上傳

設計到此，就已經大功告成了。完成後請按**儲存**鈕儲存專案，然後確認 D1 Mini 板已用 USB 線接至電腦，按 ▶ 鈕將程式上傳。

當出現上傳成功訊息後，請等待內建 LED 點亮表示已經正常連上 WiFi。然後請用手機或電腦搜尋 WiFi 無線網路，尋找名稱為 " 您的英文名稱 -" 開頭的基地台：

尋找名稱為 " 您的英文名稱 -"
開頭的基地台

以上圖為例，表示 D1 mini 的 IP 是 192.168.100.102。找到 IP 後，請用手機或是帶有麥克風的電腦**連線 D1 mini 同一個 WiFi 基地台**，然後以 Chrome 瀏覽器連線 "https://剛剛找到的 IP"，注意前面一定要加上 "**https://**"：

因為我們的 https 使用內網 IP，無法向外部廠商申請憑證，所以會出現此訊息，請放心連線仍然是加密的

▲ 請務必使用 Chrome 瀏覽器，使用其他瀏覽器可能無法運作。iPhone 或是 Mac 電腦因為安全性限制較為嚴格，無法使用此網頁。

1 按此處

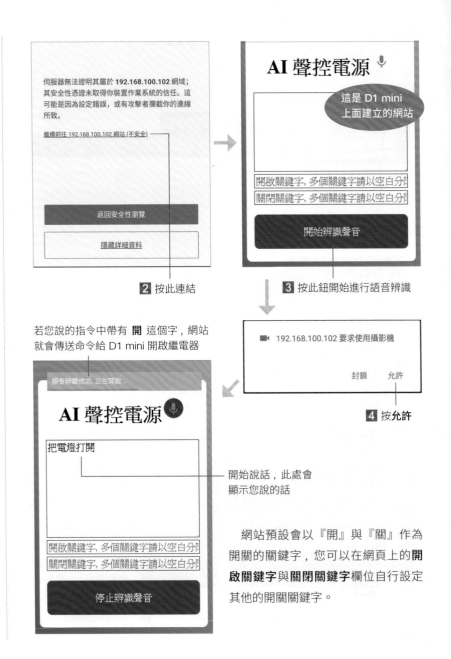

2 按此連結

若您說的指令中帶有 **開** 這個字，網站就會傳送命令給 D1 mini 開啟繼電器

開始說話，此處會顯示您說的話

3 按此鈕開始進行語音辨識

4 按允許

網站預設會以『開』與『關』作為開關的關鍵字，您可以在網頁上的**開啟關鍵字**與**關閉關鍵字**欄位自行設定其他的開關關鍵字。

CHAPTER <u>07</u>

AI
人
臉
身
份
識
別

現在是一個刷臉的時代，手機以人臉解鎖，付款也可以用人臉來識別身份，身為創客自然不能落於人後，就讓我們用 AI 來辨識人臉身份，搭配 D1 mini 製作一個智慧門鎖。

7-1　face-api.js 人臉辨識程式庫

以人臉識別身份需要處理大量的圖像資訊，並且配合多層次的類神經網路與多種演算法來進行處理，對於一般使用者來說是一項複雜且難度很高的工作。

所謂喝牛奶何必養一頭牛，我們可以使用現成的程式庫來處理這個複雜工作。程式庫百百種，我們將使用可以在網頁中運作的 face-api.js 程式庫 (https://reurl.cc/YXXxAa)，它可以讓網頁具有表情辨識、年齡辨識、人臉辨識等相關功能，利用旗標科技事先準備好的網頁範例，就可以讓您將 face-api.js 與 D1 mini 串接在一起。

■ 申請 GitHub Pages 網頁服務

為了使用 face-api.js 提供的人臉辨識，必須要建置個人網站，放置要辨識的人臉照片，提供網頁內的程式訓練後建立辨識模型。我們選擇採用免費的 GitHub Pages 服務架設網站，請先依照以下文章註冊並建置個人網站：

GitHub Pages 網頁服務申請教學
https://reurl.cc/ERRd01

我們已經幫大家準備好了具備辨識人臉功能的網頁，首先要依照以下步驟將網頁建置到剛剛申請的 GitHub Pages 個人網站上：

1 準備人臉照片：在下載的範例檔中 www\FM611A\door_lock\images 資料夾下，可依照要辨識的人名建立個別的資料夾：

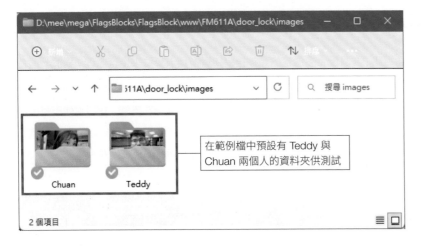

在範例檔中預設有 Teddy 與 Chuan 兩個人的資料夾供測試

你可以依據自己的需要建立額外的資料夾。

每個資料夾中必須放置 3 張 jpg 或是 png 格式的人臉照片，並分別取名為 1、2、3，以下就是範例檔中個別資料夾內的範例照片：

範例網頁中的程式預設只會讀取 3 張照片，如果你希望提高辨識成功率，可以依循遞增數值的命名方式增加照片，並修改範例檔 www\FM611A\door_lock\script.js 檔中第 161 行的程式：

```
for (let i = 1; i <= 3; i++) {
```

將程式中的 3 改成你的照片張數即可。

2 移到你的 GitHub 網頁：

1 執行『**Add file/Upload files**』功能表命令

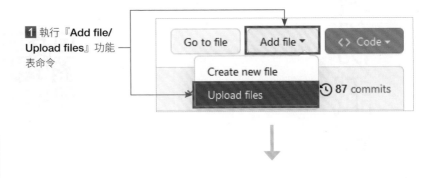

52

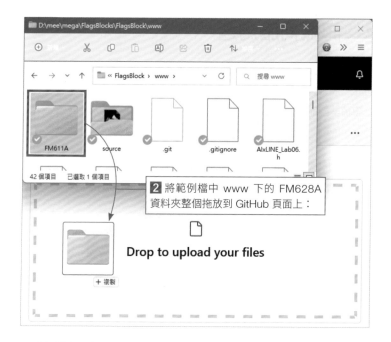

2 將範例檔中 www 下的 FM628A 資料夾整個拖放到 GitHub 頁面上：

確認檔案全部上傳完畢後：

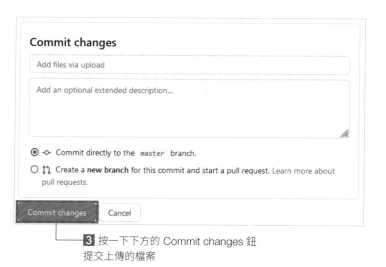

3 按一下下方的 Commit changes 鈕
提交上傳的檔案

4 確認整個資料夾已經加入 GitHub

■ 測試人臉辨識

在你的手機上開啟瀏覽器，輸入以下網址開啟人臉辨識網頁：

```
https://使用者名稱.github.io/FM628A/door_lock
```

請記得將上述網址中的『使用者名稱』替換成你自己的使用者名稱：

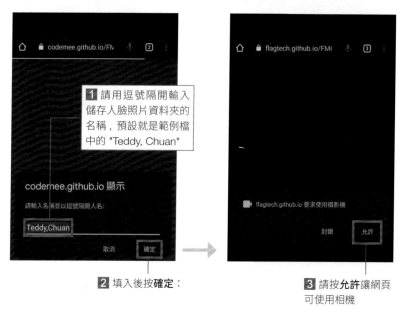

1 請用逗號隔開輸入儲存人臉照片資料夾的名稱，預設就是範例檔中的 "Teddy, Chuan"

2 填入後按**確定**：

3 請按**允許**讓網頁可使用相機

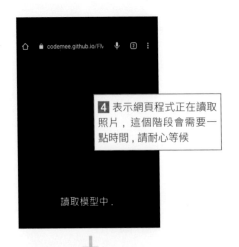

4 表示網頁程式正在讀取照片，這個階段會需要一點時間，請耐心等候

讀取模型中.

6 它會在畫面上以藍色方框標示人臉位置以及名稱，名稱後方會標註畫面中的人臉與資料夾中的照片差距，以 0~1 表示，數值越大越不像

辨識按鈕

5 對著要辨識的人臉按下**辨識按鈕**

範例網頁只會在距離小於 0.4 時才會當成辨識成功。如果辨識不到認識的人臉，它會顯示為 "unknown"，例如：

智慧門鎖

辨識按鈕

7-2 認識伺服馬達

我們準備製作一個智慧門鎖，這個門鎖會以『伺服馬達』(Servo) 來轉動門閂。有別於一般只能控制旋轉方向 (正轉或反轉) 及旋轉速度的直流馬達，伺服馬達能夠精準控制馬達的旋轉角度，特別適用於需要定位的場合。

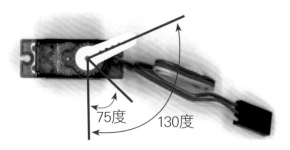

75度　130度

本套件使用的伺服馬達可旋轉角度為 0~180 度，可使用下列積木來控制：

將 變數 伺服馬達轉到 90 (0~180) 度

Lab07

刷臉智慧門鎖

實驗目的	用 AI 以人臉識別身份，如果是認識的人，則使用 D1 mini 控制伺服馬達打開門鎖上的門閂。
材料	● D1 mini　　　　● 伺服馬達 ● 杜邦線與排針若干

■ 請依線路圖接線

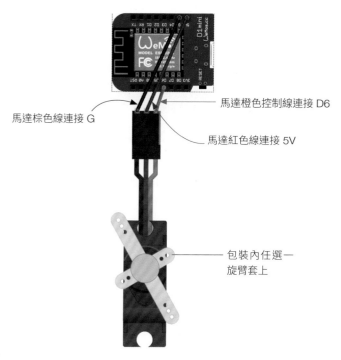

馬達棕色線連接 G

馬達橙色控制線連接 D6

馬達紅色線連接 5V

包裝內任選一
旋臂套上

fritzing

■ 設計原理

我們會在 D1 mini 建立一個網站，使用者連線這個網站後，會透過手機或電腦的攝影機拍攝使用者的臉部，然後判斷身份，如果是認識的人，網頁會送出 "https://D1mini 的 IP/open" 的請求給 D1 mini, D1 mini 便可控制伺服馬達開門。

■ 設計程式

1 請開啟 Flag's Block, 加入下列積木設定變數並連線 WiFi, 詳細步驟請參見第 2 章 LAB 02：

1 加入**馬達 / 啟用變數伺服馬達使用腳位 D0** 積木，
按向下箭頭選擇**新變數 ...**, 然後輸入 " 大門 "

2 按向下箭頭選擇 **D6**

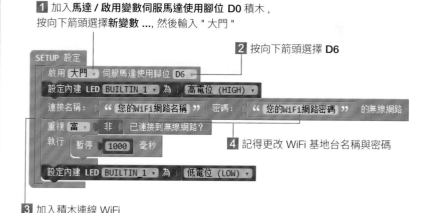

4 記得更改 WiFi 基地台名稱與密碼

3 加入積木連線 WiFi

2 加入下列積木讓 D1 mini 自己也建立名稱為 " 您的簡短英文名稱 -xxxxxx" 的基地台，以便得知 D1 mini 的 IP, 詳細步驟請參見第 6 章 LAB 06 步驟 2：

加入積木建立名稱為 " 您的簡短英文名稱 -xxxxxx" 的基地台

3 接下來定義給網頁請求使用的函式：

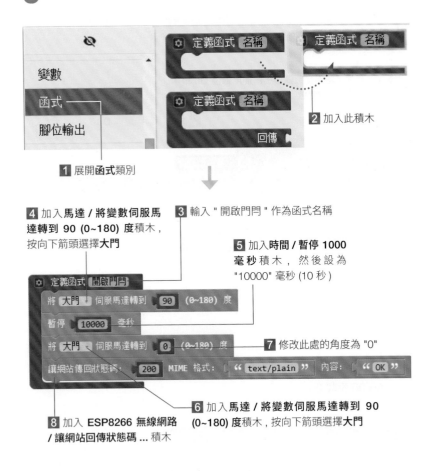

1 展開**函式**類別

2 加入此積木

4 加入**馬達 / 將變數伺服馬達轉到 90 (0~180) 度**積木，按向下箭頭選擇**大門**

3 輸入 "**開啟門閂**" 作為函式名稱

5 加入**時間 / 暫停 1000 毫秒**積木，然後設為 "10000" 毫秒 (10 秒)

7 修改此處的角度為 "0"

6 加入**馬達 / 將變數伺服馬達轉到 90 (0~180) 度**積木，按向下箭頭選擇**大門**

8 加入 **ESP8266 無線網路 / 讓網站回傳狀態碼 ...** 積木

上面定義的函式會將伺服馬達轉動到 90 度以開啟門閂，然後等待 10 秒後，轉動伺服馬達至 0 度重新鎖上門閂。

4 回到 **SETUP** 積木中，加入以下積木建立網站：

1 在 **SETUP** 的**持續等待**積木下面加入 **ESP8266 無線網路 / 使用 443 號通訊埠啟動 https 加密網站**積木

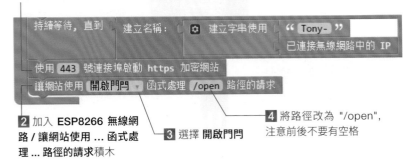

2 加入 **ESP8266 無線網路 / 讓網站使用 ... 函式處理 ... 路徑的請求**積木

3 選擇**開啟門閂**

4 將路徑改為 "/open"，注意前後不要有空格

5 讓伺服馬達轉至關門的位置：

加入**將 ... 伺服馬達轉到 90 度**積木選取**大門**並修改為 0 度

6 最後在主程式積木內，放入 **ESP8266 無線網路 / 讓網站接收請求**積木，不斷等待外部裝置發送請求：

加入 **ESP8266 無線網路 / 讓網站接收請求**積木

7 積木完成後,我們要先上傳網頁程式檔給 D1 mini,網頁上傳後,才可以上傳積木程式。這個網頁程式檔會幫我們自動轉到人臉辨識的網頁:

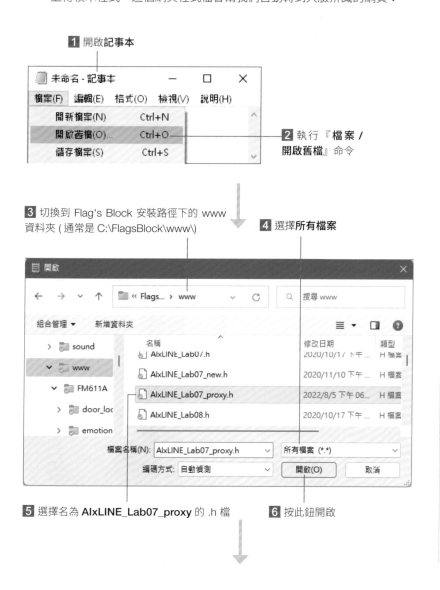

1 開啟記事本

2 執行『檔案 / 開啟舊檔』命令

3 切換到 Flag's Block 安裝路徑下的 www 資料夾 (通常是 C:\FlagsBlock\www\)

4 選擇**所有檔案**

5 選擇名為 **AIxLINE_Lab07_proxy** 的 .h 檔

6 按此鈕開啟

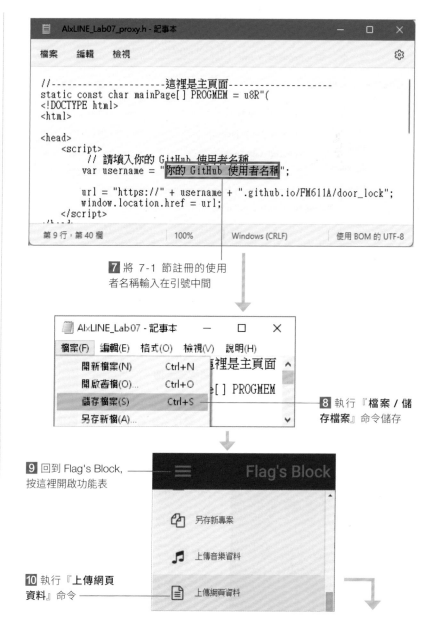

7 將 7-1 節註冊的使用者名稱輸入在引號中間

8 執行『**檔案 / 儲存檔案**』命令儲存

9 回到 Flag's Block, 按這裡開啟功能表

10 執行『**上傳網頁資料**』命令

11 切換到 Flag's Block 安裝路徑下的 www 資料夾 (通常是 C:\FlagsBlock\www\)

12 選擇剛剛儲存的 **AIxLINE_Lab07_proxy.h** 檔

13 按**開啟**

看到此訊息表示上傳成功 —— 網頁資料已上傳

設計到此, 就已經大功告成了。完成後請按**儲存**鈕儲存專案, 然後確認 D1 Mini 板已用 USB 線接至電腦, 按 ▶ 鈕將程式上傳。

當出現上傳成功訊息後, 請等待內建 LED 點亮表示已經正常連上 WiFi。然後請用手機或電腦搜尋 WiFi 無線網路, 尋找名稱為 " 您的英文名稱 -" 開頭的基地台:

尋找名稱為 " 您的英文名稱 -" 開頭的基地台

以上圖為例, 表示 D1 mini 的 IP 是 192.168.100.102。找到 IP 後, 請用手機或是帶有攝影機的電腦**連線 D1 mini 同一個 WiFi 基地台**, 然後以 Chrome 瀏覽器連線 "https:// 剛剛找到的 IP", 注意前面一定要加上 "**https://**":

⚠ 請務必使用 Chrome 瀏覽器, 使用其他瀏覽器可能無法運作。iPhone 或是 Mac 電腦因為安全性限制較為嚴格, 無法使用此網頁。

2 按此連結

因為我們的 https 使用內網 IP, 無法向外部廠商申請憑證, 所以會出現此訊息, 請放心連線仍然是加密的

1 按此處

自動轉換至人臉辨識網頁

請依照之前測試的步驟辨識人臉, 辨識出人臉時會自動傳送命令給 D1 mini 轉動伺服馬達開門, 10 秒後會再傳送命令給 D1 mini 轉動伺服馬達關門。

CHAPTER **08**

AI 臉部表情辨識

前面我們使用 AI 來判斷語言中的情緒, 這一章我們將進一步使用 AI 來判斷臉部表情的情緒。當您對著 AI 做出各種表情, D1 mini 就會依照您的心情好壞, 用喇叭播放相對應的音樂。

8-1　用簡譜播放音樂

前面 3-2 節曾經說明如何用喇叭發出聲音, 例如 C 調的 Do 頻率約為 261Hz, 只要讓喇叭每秒震動 261 次就可以發出這個音。

但是如果要寫程式來播放音樂, 隨便一小段音樂都有數十個音, 用上述的方式實在太麻煩了, 為了方便您用 D1 mini 播放歌曲, Flag's Block 特別提供了一個簡譜播放音樂的積木:

設定 腳位 D0 ▾ 的喇叭/蜂鳴器用簡譜 " 1 2 3 4 5 6 7 " 播放音樂, 一拍長度 300 ms

■ 音符

簡譜是一種用數字來表示音符的記譜方式, C 大調的各個音階以 1〜7 來表示:

音階	C	D	E	F	G	A	B
唱名	do	re	mi	fa	sol	la	ti
數字	1	2	3	4	5	6	7

■ 高低音

若是表示高音則在數字上面加上 · 點符號, 低音則是在數字下面加上 · 點符號:

$$\overset{\cdot}{5} \quad\quad 5 \quad\quad \underset{\cdot}{5}$$

高音　　　　中音　　　　低音

在電腦打字時無法於數字上下方加點, 我們將會改用 ^ 符號表示上方的點, . 符號表示下方的點, 所以 1^ 是高音 Do, 1. 是低音 Do。

■ 音的長短

簡譜是以 - 橫線來表示音的長短:

四拍	1---	全音符
二拍	1-	二分音符
一拍	1	四分音符
半拍	<u>1</u>	八分音符
1/4 拍	1 (二橫線)	十六分音符
1/8 拍	1 (三橫線)	三十二分音符

電腦打字時無法於數字下方加橫線，我們將會改用 _ 符號表示下方的橫線，所以 1- 是二拍 Do, 1--- 是四拍 Do, 1_ 是半拍 Do, 1.. 是 1/4 拍 Do, 1--- 是 1/8 拍 Do。

■ 其他

使用積木時，高低音要先於音的長短，例如 1^- 表示高音二拍的 Do。另外 0 代表休止符，空白則沒有意義可以拿來分組。

⚠ 關於簡譜的詳細說明，請參見 http://bit.ly/nummusic 或 https://zh.wikipedia.org/wiki/ 簡譜。

8-2 用網站請求傳遞參數

第 6、7 章我們以網站請求的路徑來當作指令，作為 D1 mini 判斷的依據：

```
https://192.168.4.1/on       ←開啟
https://192.168.4.1/off      ←關閉
```

尾端的 "/on" 就是路徑。如果這個指令還需要額外的資訊，可以透過參數來傳遞，加入參數的方式如下：

```
https://192.168.4.1/playmusic?mood=good
```

尾端從問號之後的就是參數，由『參數名稱＝參數內容』格式指定，本章的範例就會使用路徑 "/playmusic" 作為播放音樂的指令，然後以名稱為 mood 的參數來指定播放哪一種心情音樂，"mood=good" 表示 mood 參數值是 good。

在處理網站指令的函式中，可以使用右邊積木來取得參數：

> 網站請求中含有「 ❝ ◯ ❞ 」參數？
>
> 網站請求中名稱為「 ❝ ◯ ❞ 」的參數

第一個積木可以告訴我們是否有指定名稱的參數，第二個積木則可取得指定名稱參數的參數值。

Lab08

智慧心情點播站

實驗目的	用 AI 判斷目前臉部表情是好心情還是壞心情，然後以 D1 mini 播放與心情相對應的音樂。
材料	● D1 mini ● 杜邦線與排針若干 ● 喇叭

■ 請依線路圖接線

喇叭黑線連接 G   喇叭紅線連接 D5

fritzing

● 設計原理

我們會在 D1 mini 建立一個網站, 使用者連線這個網站後, 會自動轉至上一章事先上傳的表情辨識網頁, 透過手機或電腦的攝影機拍攝使用者的臉部, 然後判斷是好心情還是壞心情, 網頁會依照心情送出 "https://D1mini 的 IP/playmusic?mood=XXX" 的請求給 D1 mini, D1 mini 便可以透過 mood 參數知道應播放哪一種心情的音樂。

● 設計程式

1 請開啟 Flag's Block, 加入下列積木設定變數並連線 WiFi, 詳細步驟請參見第 2 章 LAB 02：

1 加入**變數 / 設定變數為**積木, 按向下箭頭選擇**新變數 ...**, 然後輸入 " 喇叭腳位 "

2 加入**腳位輸出 / 腳位 D0** 積木, 按向下箭頭選擇 **D5**

4 記得更改 WiFi 基地台名稱與密碼

3 加入積木連線 WiFi

2 加入下列積木讓 D1 mini 自己也建立名稱為 " 您的簡短英文名稱 -xxxxxx" 的基地台, 以便得知 D1 mini 的 IP, 詳細步驟請參見第 6 章 LAB 06 步驟 2：

—— 加入積木建立名稱為 " 您的簡短英文名稱 -xxxxxx" 的基地台

3 接下來定義給網頁請求使用的函式：

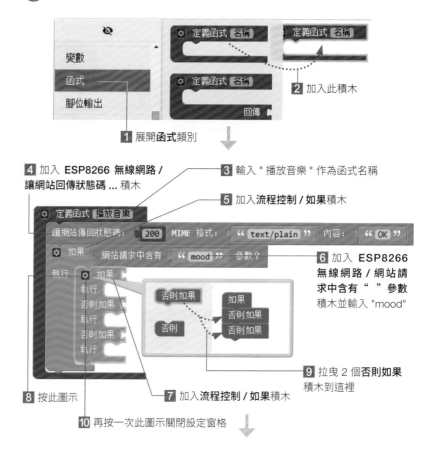

1 展開**函式**類別

2 加入此積木

4 加入 **ESP8266 無線網路 / 讓網站回傳狀態碼 ...** 積木

3 輸入 " 播放音樂 " 作為函式名稱

5 加入**流程控制 / 如果**積木

6 加入 **ESP8266 無線網路 / 網站請求中含有 " " 參數** 積木並輸入 "mood"

9 拉曳 2 個**否則如果**積木到這裡

8 按此圖示

7 加入**流程控制 / 如果**積木

10 再按一次此圖示關閉設定窗格

12 加入 ESP8266 無線網路 / 網站請求中名稱為 " " 的 參數積木並輸入 "mood"

11 加入邏輯 /= 積木

13 加入文字 /" " 積木 並輸入 "good"

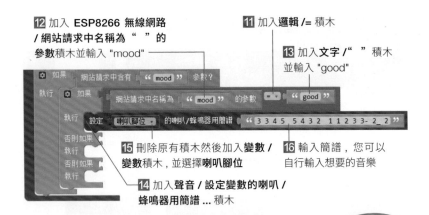

15 刪除原有積木然後加入變數 / 變數積木，並選擇喇叭腳位

16 輸入簡譜，您可以 自行輸入想要的音樂

14 加入聲音 / 設定變數的喇叭 / 蜂鳴器用簡譜 ... 積木

17 依照上面步驟加入這些積木並如圖設定

您可自行輸入 想要的音樂

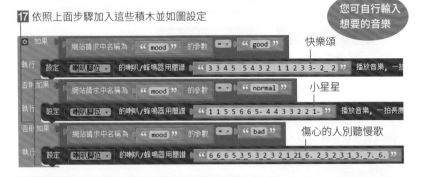

快樂頌

小星星

傷心的人別聽慢歌

4 回到 SETUP 積木中，加入以下積木建立網站：

1 加入 ESP8266 無線網路 / 使用 443 號通訊埠啟動 https 加密網站積木

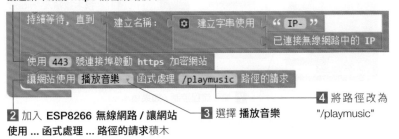

2 加入 ESP8266 無線網路 / 讓網站 使用 ... 函式處理 ... 路徑的請求積木

3 選擇播放音樂

4 將路徑改為 "/playmusic"

62

5 最後在主程式積木內，放入 ESP8266 無線網路 / 讓網站接收請求積木，不斷 等待外部裝置發送請求：

加入 ESP8266 無線網路 / 讓網站接收請求積木

6 積木完成後，我們要先上傳網頁程式檔給 D1 mini，網頁上傳後，才可以 上傳積木程式，這個網頁程式會自動轉至前一章實驗我們上傳到 GitHub Pages 的表情辨識網頁：

1 開啟記事本

2 執行『檔案 / 開啟 舊檔』命令

3 切換到 Flag's Block 安裝路徑下的 www 資料夾 (通常是 C:\FlagsBlock\www\)

4 選擇所有檔案

5 選擇名為 AIxLINE_Lab08_proxy 的 .h 檔

6 按此鈕開啟

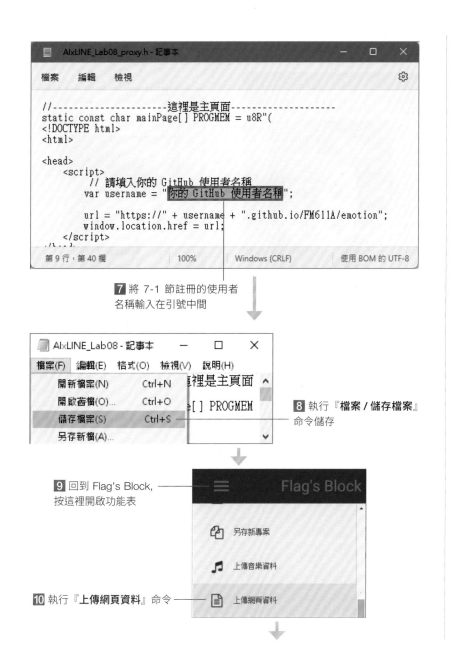

7 將 7-1 節註冊的使用者名稱輸入在引號中間

8 執行『檔案 / 儲存檔案』命令儲存

9 回到 Flag's Block，按這裡開啟功能表

10 執行『上傳網頁資料』命令

11 切換到 Flag's Block 安裝路徑下的 www 資料夾 (通常是 C:\FlagsBlock\www\)

12 選擇剛剛儲存的 AIxLINE_Lab08_proxy.h 檔

13 按開啟

網頁資料已上傳 ── 看到此訊息表示上傳成功

　　設計到此，就已經大功告成了。完成後請按 **儲存** 鈕儲存專案，然後確認 D1 Mini 板已用 USB 線接至電腦，按 ▶ 鈕將程式上傳。

　　當出現上傳成功訊息後，請等待內建 LED 點亮表示已經正常連上 WiFi。然後請用手機或電腦搜尋 WiFi 無線網路，尋找名稱為 " 您的英文名稱 -" 開頭的基地台：

尋找名稱為 " 您的英文名稱 -" 開頭的基地台

以上圖為例，表示 D1 mini 的 IP 是 192.168.100.102。找到 IP 後，請用手機或是帶有攝影機的電腦**連線 D1 mini 同一個 WiFi 基地台**，然後以 Chrome 瀏覽器連線 "https:// 剛剛找到的 IP"，注意前面一定要加上 **"https://"**：

因為我們的 https 使用內網 IP，無法向外部廠商申請憑證，所以會出現此訊息，請放心連線仍然是加密的

1 按此處

2 按此連結

⚠ 請務必使用 Chrome 瀏覽器，使用其他瀏覽器可能無法運作。iPhone 或是 Mac 電腦因為安全性限制較為嚴格，無法使用此網頁。

這是 7-1 節上傳的表情辨識網頁

AI 辨識出心情後，網站會傳送命令給 D1 mini 播放音樂

4 按此鈕開始進行表情辨識

MEMO